幸福二人餐

萨巴蒂娜　主编

U0125444

中国轻工业出版社

目录

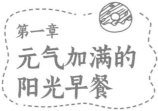

红豆小米豆浆
37

紫薯燕麦豆浆
38

第二章
爱心满满的
午餐便当

泡菜炒饭+
味噌汤
40

照烧鸡腿饭+
酸甜腌萝卜
42

台湾卤肉饭+
卤鸡蛋
44

牛肉卷盖饭+
辣白菜
46

香菇鳕鱼茄汁饭+
煎芦笋
48

红烧鸡翅+水煮
蔬菜+杂粮饭
50

黑胡椒鸡胸肉+
水煮西蓝花+
玉米饭
51

海南鸡饭
52

干锅菜花+圣女
果+糙米饭
53

麻辣香锅+香蕉+
米饭
54

韩式拌饭便当
55

水芹菜炒牛肉丝
+糙米饭
56

黑椒牛柳便当
57

茄汁豆腐+爽口
莴笋+黑米饭
58

芦笋炒虾仁+白
灼菜花+杂粮饭
59

韩国什菜拌饭
60

章鱼香肠饭
61

秋葵麦芽饭
62

三色素便当
63

酿苦瓜便当
64

海味便当
65

海鲜炒面+
番茄沙拉
66

干炒牛河+
白灼芥蓝
68

水煮秋葵+火龙
果+鸡肉番茄
意酱面
70

蛋煎馒头丁+西
蓝花胡萝卜
炒蘑菇
71

青椒卤肉卷饼
72

西式冷食便当
74

彩虹越南春卷
便当
75

杂蔬虾仁炒年糕
76

四色饭团便当
77

炸鸡排三明治
78

超大巨无霸
三明治
79

咸蛋黄肉松寿司
80

蒜香吐司牛排
沙拉
82

法棍黑椒鸡腿
沙拉
83

低脂鸡丝魔芋
沙拉
84

第三章
快手不发胖
的轻食晚餐

照烧鸡腿肉蔬菜
沙拉
85

滑蛋紫薯配混合
沙拉
86

肉桂烤南瓜溏心
蛋沙拉
87

金枪鱼吐司碗
沙拉
88

鸡蛋红薯藜麦
沙拉
89

带子蝴蝶面沙拉
90

煎三文鱼
91

番茄黑椒煎鸡胸
92

意大利蔬菜煎蛋
93

溏心蛋芦笋蚕
豆泥
94

烤坚果西蓝花
95

五彩蒸杂蔬
96

番茄麻辣烫
97

自制麻辣拌
98

韩式大酱汤
99

关东煮
100

寿喜烧
101

菌菇魔芋锅
102

酸汤牛肉锅
103

牛肉塔可
104

菠菜全麦燕麦饼
105

时蔬鸡肉饼
106

蔬菜三明治
107

菜花无米蛋炒饭
108

魔芋朝鲜冷面
109

番茄鱼豆腐
砂锅面
110

农家烩荞面
111

凉拌鸡丝荞麦面
112

水波蛋西葫芦
意面
113

酸汤肥牛土豆粉
114

牛油果鲜虾
波奇饭
115

低脂烤燕麦饭
116

第四章
尽享慵懒的
周末早午餐

奥尔良鸡丁焗饭
118

香菇鸡腿炒饭
119

照烧鸡排蛋包饭
120

腊肉香菇藜麦饭
122

豉汁小排煲仔饭
123

烤箱版麻辣香锅
124

茶汤焖五谷
125

羽衣甘蓝古斯
古斯米
126

豉香茶树菇焖面
127

五花肉干豆角
焖面
128

鲜虾鱿鱼炒面
129

干炒牛河
130

豪华砂锅方便面
131

红烧素排面
132

鲜虾云吞面
133

意式千层面
134

奶酪肉酱焗意面
136

口蘑鸡肉黑椒
比萨
137

椒盐牛肉饼
138

韩式辣酱鱿鱼
炒饼
139

玫瑰花锅贴
140

虾仁大馄饨
141

糯米香肉烧卖
142

抱蛋煎饺
143

玉米鸡胸肉卷
144

煎牛肉能量碗
145

南瓜虾仁蒸藜麦
146

意式培根烘蛋
147

班尼迪克蛋
148

科布沙拉
149

心形创意三明治+
糖水香梨
150

煎扇贝沙拉配
欧包
152

养生参鸡汤
153

番茄鸡蛋疙瘩汤
154

第五章
浪漫日子里
的精致美餐

法式烤羊排
156

红酒烤牛排
158

德式烤猪肘
159

韩式奶酪排骨
160

普罗旺斯烤鸡
162

红茶脆皮鸭腿
163

惠灵顿鱼排
164

法风三文鱼
166

柠汁奶酪焗龙虾
167

苹果蒜蓉烤虾
168

奶油生蚝
169

海鲜串烧
170

红酒烤海鲜
171

西班牙海鲜饭
172

椰香芒果糯米饭
174

菠萝饭
175

花边香肠比萨
176

冬阴功
177

奶油蘑菇汤
178

香橙柠檬樱桃
萝卜沙拉
179

花环沙拉
180

快手苹果派
181

奶香南瓜派
182

豪华莓子华夫饼
183

豆沙南瓜汤圆
184

提拉米苏
185

红糖桂花芋头
186

红酒炖雪梨
187

酸奶水果捞
188

杨枝甘露
189

蜜恋甜汤
190

玫瑰奶茶
191

第一章

元气加满的
阳光早餐

鸡蛋灌饼

🕐 15分钟　　🥄 中等

主料　手抓饼2张　|　鸡蛋2个　|　生菜2片
　　　　火腿肠2根

辅料　沙拉酱4茶匙　|　番茄酱4茶匙

❤ **烹饪秘籍**

这道早餐的主料，可选择市面上销售的印度飞饼或手抓饼两种，无论选择哪种，操作方法都相同。手抓饼和印度飞饼含油量都比较大，煎的时候不用放油。

做法

1　生菜洗净，撕成小片；火腿肠纵向剖开成两条。

2　小火加热平底锅，不放油，锅热后放入手抓饼，保持小火加热。

3　将手抓饼煎至一面金黄，翻面。在饼上打一个鸡蛋，用筷子将鸡蛋黄戳破。

4　将剖开的火腿肠放在手抓饼旁边，盖上锅盖煎约1分钟。

5　蛋清略发白凝固后，再次将饼翻面，不盖盖煎到鸡蛋熟透。

6　将手抓饼取出放在盘子里，有鸡蛋的一面朝上。

7　在饼中间放上生菜、火腿肠。

8　挤上番茄酱、沙拉酱，将饼卷起即可。

在家里做天津名吃

绿豆面鸡蛋煎饼

🕐 15分钟　🔪 简单

主料 鸡蛋2个　|　绿豆面80克　|　面粉40克

辅料 油少许　|　小葱2根　|　香菜2根
甜面酱2汤匙　|　黑芝麻少许
生菜4片

 烹饪秘籍

鸡蛋煎饼可以卷很多食材：火腿肠、酱牛肉、煎鸡胸……一切你喜欢的食材都可以放在里面，简直太百搭了。

做法

1　小葱和香菜洗净切末，生菜洗净沥干，备用。

2　绿豆面与面粉按2:1的比例混合，加80毫升水拌匀。面糊太稠不易摊开，太稀不易成形。

3　平底不粘锅烧热，倒入少许油，晃动锅体使油均匀地铺满锅底。

4　根据锅的大小，取适量面糊，均匀地在锅底摊开成薄饼。

5　面糊摊匀后，打入一个鸡蛋，再次摊匀。

6　趁着鸡蛋没有完全熟透，撒上葱花、香菜和黑芝麻。

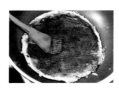

7　将鸡蛋煎饼翻面，刷上甜面酱。

8　放上生菜后将饼卷起来即可。

彩色营养饼

胡萝卜鸡蛋素馅饼

🕐 10分钟　🍴 复杂

主料 中筋面粉200克 ｜ 胡萝卜100克 ｜ 粉丝100克 ｜ 木耳10克 ｜ 鸡蛋2个

辅料 生抽1汤匙 ｜ 盐1茶匙 ｜ 十三香1茶匙 ｜ 香油1茶匙 ｜ 油适量

做法

1 提前一晚准备馅饼坯。中筋面粉加入120毫升清水，揉成面团，静置20分钟。

2 静置面团期间准备馅料，粉丝用热水烫软，木耳用水泡发。

3 粉丝切段；木耳切丝；胡萝卜洗净，去皮、擦丝。

4 鸡蛋放入碗中打散，搅拌均匀；锅中放油，下入鸡蛋液炒散后盛出。

5 将胡萝卜丝、木耳丝、粉丝段和鸡蛋碎搅拌，加入十三香、生抽、盐和香油，拌匀。

6 案板上撒面粉，面团等分成6份，擀成皮。

7 擀好皮后放上馅料，包好，收口朝下稍微按扁。

8 包好的馅饼坯放入冰箱冷冻起来。

9 早上平底锅放油，放入馅饼坯，小火煎5分钟至两面金黄即可。

💗 烹饪秘籍

拌好的馅料是熟的，拌好馅之后可以尝一下，按自己的喜好调整味道即可。

玉米火腿早餐饼

🕐 10分钟   简单

主料 中筋面粉100克 ｜ 熟玉米粒50克
火腿肠1根 ｜ 鸡蛋1个

辅料 盐1茶匙 ｜ 黑胡椒粉1/2茶匙
油少许

💚 **烹饪秘籍**

如掌握不好面粉的用量，可少量多次添加，直至成为面糊。

做法

1 将火腿肠切丁，放入大碗中。

2 在大碗中分别加入熟玉米粒、盐、黑胡椒粉。

3 磕入鸡蛋，加入面粉和50毫升清水，将上述材料搅拌成糊状。

4 平底锅预热，转小火放入底油。

5 待油热后，将面糊用大勺倒入平底锅中，用勺子将面糊略微压扁。

6 待其两面煎成金黄后，装盘即可食用。

馒头的花样吃法
孜然馒头片

🕐 10分钟　　🍴 简单

主料 馒头2个 │ 鸡蛋2个

辅料 盐4克 │ 油20毫升 │ 孜然粉2茶匙

💜 **烹饪秘籍**

煎好的馒头片可用厨房纸巾
吸走表面的油分，更加健康。

做法

1 馒头切片；鸡蛋磕入碗中，加盐和孜然粉，搅打均匀备用。

2 将馒头片浸在蛋液里，确保两面充分裹上蛋液。

3 锅中倒入油，中火烧热后，逐一放入馒头片，煎至双面金黄即可盛出。

营养美味好搭配

菠菜虾仁玉子烧卷

🕐 15分钟　　🍴 简单

主料 菠菜100克 ｜ 蟹柳棒4根 ｜ 鸡蛋4个

辅料 酱油1茶匙 ｜ 海盐适量 ｜ 油少许

💜 **烹饪秘籍**

这里的菠菜要尽量切碎一些，
后面才容易卷起。

做法

1　鸡蛋在碗中打散，
搅拌均匀并过筛。

2　蟹柳棒撕成细丝。

3　菠菜洗净，放入锅
中焯水，捞出后挤干水
分，切碎。

4　蛋液中加入蟹柳棒
细丝、菠菜碎、酱油和
海盐，搅拌均匀。

5　将厚蛋烧锅烧热，
刷一层薄油，倒入1/3
的蛋液，煎至七成熟。
卷起，大约3厘米宽。

6　将鸡蛋卷推到边
缘，剩余的蛋液也用此
方法卷起。

7　煎好的厚蛋烧不要
立即取出，关火静置
5分钟。

8　取出，彻底放凉
后，切块即可。

炒饭界的招牌

神速蛋炒饭

 10分钟　🍴 简单

主料　大米150克　|　鸡蛋2个

辅料　盐1茶匙　|　油1汤匙　|　香葱2根

💗 **烹饪秘籍**

提前一晚煮好米饭，变成隔夜饭，一来节省早上的时间，二来使炒饭的口感更好。隔夜饭水分少，会使炒饭颗粒分明。

做法

1　大米洗净，放入电饭煲中，加入适量水，提前一晚煮好，冷却后打散，放入冰箱冷藏。

2　香葱洗净，去根、切丁。装盒，冷藏。

3　鸡蛋放入碗中打散成蛋液。

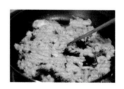

4　炒锅中放油，倒入蛋液，将鸡蛋炒散，蛋液凝固盛出。

5　锅中热少许油，放入米饭翻炒至粒粒分明。

6　放入鸡蛋碎和香葱丁翻炒。

7　放入盐翻炒均匀即可。

鲜美有营养

金枪鱼蛋炒饭

🕐 15分钟　　🍴 简单

主料 金枪鱼（罐装）100克 ｜ 鸡蛋2个
米饭300克 ｜ 胡萝卜50克 ｜ 黄瓜50克

辅料 油1汤匙 ｜ 盐2克

💗 **烹饪秘籍**

金枪鱼罐头含有一定的水分，取出之后最好先控一下水分再炒，防止米饭中水分过多。也可以提前放金枪鱼，多煸炒一会儿，待汤汁收干后再加入米饭煸炒。

做法

1　胡萝卜洗净，去皮后切成小丁备用；黄瓜洗净后切成小丁备用；将鸡蛋磕入碗中，用筷子充分打散；取出金枪鱼，控干水分备用。

2　炒锅烧热后放入少许冷油，倒入鸡蛋液，炒熟打散后盛出备用。

3　倒入剩余的油，烧至七成热后放入胡萝卜丁和黄瓜丁煸炒片刻。

4　放入打散的米饭，煸炒至米粒颗粒分明。

5　放入刚才炒好的鸡蛋，翻炒均匀。

6　放入金枪鱼压碎，炒匀，最后加入盐调味，炒匀即可。

人气网红饭

番茄饭

🕐 10分钟　🍳 中等

主料 大米150克 | 番茄1个 | 洋葱100克
玉米粒50克 | 青豆50克

辅料 盐1茶匙 | 油少许

💛 烹饪秘籍

1 如果喜欢吃口味浓郁的，可以在饭中加入番茄酱。
2 因为番茄煮熟后会出水，所以煮饭的水要比平常放得少一些。

做法

1　大米淘洗干净备用。

2　洋葱洗净，去皮，切末。

3　番茄去蒂，在中间用刀划个十字。

4　将大米放入电饭煲中，水要比平常煮饭少一些。放入洋葱丁、玉米粒和青豆。

5　加几滴油，放入盐，再放入番茄。

6　按下预约键，选择明早吃饭的时间煮好即可。

7　饭煮好后，开盖，把番茄捣碎拌匀。

8　拌完再盖上锅盖闷5分钟，即可盛出。

香菇腊肠煲仔饭

🕐 15分钟　　🍴 简单

主料 大米150克　│　香菇6朵　│　腊肠1根
　　　 鸡蛋2个

辅料 生抽2汤匙　│　老抽1茶匙
　　　 白砂糖1/2茶匙

💗 **烹饪秘籍**

利用电饭煲取代砂锅来做，可以节省砂锅煮米饭所需要的时间。

做法

1　腊肠切片。

2　香菇洗净，去蒂，切成小块。

3　大米洗净放入电饭煲，加水到正常煮饭刻度。

4　将腊肠和香菇铺在米上面。

5　按下煮饭键，预约为明日早餐时间做好。

6　打开电饭煲，在锅的中心打入鸡蛋，盖盖，在保温状态下闷5分钟。

7　将生抽、老抽和白砂糖调成料汁，浇在饭上，吃的时候拌匀即可。

解锁吐司新玩法

超人气口袋三明治

🕐 15分钟　🍴 简单

主料 厚切吐司1片　｜　牛油果1/2个
　　　　鸡蛋2个　｜　蟹柳棒3根

辅料 黑胡椒碎适量　｜　海盐、油各少许

💗 烹饪秘籍

因为是口袋三明治，吐司最好选择厚一点的，最好是整个吐司的吐司边。

做法

1　鸡蛋打入碗中，搅散成蛋液，加海盐调味。

2　热锅冷油，倒入蛋液，转最小火，快速滑炒成嫩蛋出锅。

3　将蟹柳棒撕成细丝。

4　牛油果对半切开，去皮去核，压成泥，加入黑胡椒碎调味。

5　厚切吐司从中间切小口。

6　在厚切吐司上依次铺放牛油果泥、嫩蛋和蟹柳棒细丝即可。

全麦金枪鱼三明治

🕐 10分钟　🍴 简单

主料 全麦吐司2片 ｜ 圆生菜2片
金枪鱼罐头60克 ｜ 番茄20克

辅料 蜂蜜芥末酱适量

💗 **烹饪秘籍**

金枪鱼罐头可以选择水浸的和
油浸的两种，在放蜂蜜芥末酱
之前，将罐头中的水分或油分
倒干即可。

做法

1 生菜洗净。

2 番茄洗净，去蒂，切片。

3 在金枪鱼罐头中加入蜂蜜芥
末酱，搅拌均匀。

4 取一片吐司，依次放上金枪
鱼沙拉、生菜和番茄片。

5 盖上另一片吐司。

6 对半切开即可。

来自北大西洋的浪漫假日

烟熏三文鱼配
法式面包

🕐 10分钟　🍴 简单

主料 法棍2片 ｜ 烟熏三文鱼2片
　　　腌黄瓜半根

辅料 涂抹奶酪1汤匙 ｜ 小茴香嫩叶少许

💚 烹饪秘籍

1 烟熏三文鱼和涂抹奶酪都有咸味，不用再放
　盐了。
2 没有新鲜小茴香嫩叶，可用莳萝代替。也可用
　薄荷、罗勒等香草。

做法

1　法棍斜切成1厘米厚的片。

2　抹上涂抹奶酪。

3　腌黄瓜切薄片，平放在面
　包上。

4　烟熏三文鱼斜切成菱形片，
　盖在黄瓜片上。

5　最后点缀小茴香嫩叶即可。

简单的港式美味
火腿西多士

🕐 15分钟　　🍴 中等

主料 吐司面包4片 ｜ 鸡蛋2个
奶酪片2片 ｜ 火腿片2片

辅料 牛奶2汤匙 ｜ 油2汤匙

💚 烹饪秘籍

刚下锅的吐司夹容易散开，因此要等一面金黄上色，同时内部的奶酪受热化开，起到黏合作用后再翻面。借助铁勺翻面，会使操作更容易。

做法

1　吐司面包切去四边黄色的部分。为了成品美观，切掉的部分尽量保持等宽。

2　取一片去掉边的吐司面包，放一片火腿片，再放上一片奶酪。

3　盖上另一片吐司面包。用同样的方法将另一份吐司夹组装好。

4　将鸡蛋磕入一个深盘中，加入牛奶，充分打散。

5　平底锅中放油，开小火加热。

6　将组装好的吐司夹平放入蛋液中轻轻蘸一下，一面蘸好后翻面同样蘸匀。

7　蘸好蛋液的吐司放入锅中，煎至一面金黄。

8　借助勺子和筷子将吐司夹住翻面，煎至两面金黄后出锅，沿对角线切开即可。

酥酥脆脆
可颂夹心热狗

🕐 10分钟　🔪 简单

主料 可颂面包2个 ｜ 火腿片6片
鸡蛋2个 ｜ 黄瓜100克 ｜ 奶酪片2片

辅料 蛋黄酱4茶匙 ｜ 油2茶匙

💙 烹饪秘籍

可以将黄瓜换成胡萝卜、莴笋等爽口的蔬菜。

做法

1 平底锅倒油烧热，小火将火腿片煎熟。

2 黄瓜洗净，切成片，越薄越好。

3 鸡蛋煮熟，切成片。

4 将可颂面包横着从中间切开，但不要切断。

5 面包中间夹入奶酪片、黄瓜片、鸡蛋片。

6 将火腿片对折夹入面包中，增加整个面包的饱满度，最后抹上蛋黄酱。

一招搞定

早餐鸡蛋面包丁

🕐 5分钟　🍳 简单

主料　切片面包2片　│　鸡蛋2个　│　火腿片2片

辅料　奶酪碎5克

💗 **烹饪秘籍**

没有面包，可以放入白米饭或者白馒头丁。

做法

1　切片面包切成小丁，火腿片切成小丁备用。

2　鸡蛋磕入烤碗中，把切好的面包丁和火腿丁放入碗中，撒上奶酪碎。

3　封上保鲜膜，入微波炉以中火加热2分钟即可。

鸡蛋还能这样做
彩椒培根北非蛋

🕐 15分钟　🍴 中等

主料 番茄200克 ｜ 圣女果150克
鸡蛋1个 ｜ 洋葱50克 ｜ 红黄彩椒50克
培根片2片 ｜ 苦菊叶2片

辅料 盐2克 ｜ 小茴香少许 ｜ 黑胡椒粉少许
橄榄油少许

💜 烹饪秘籍

焖煮鸡蛋的时间可以根据自己喜欢的口感
控制。

做法

1 红黄彩椒洗净，切成1厘米左右的块状；洋葱洗净，切成1厘米左右的块状。

2 培根片切成1厘米左右见方的片；番茄烫后去皮，切成1厘米左右的块状。

3 圣女果洗净，切成两半；苦菊叶洗净。

4 平底锅刷一层橄榄油，先放入红黄彩椒、洋葱爆香。

5 再加入番茄、圣女果、培根继续翻炒至番茄出汁。

6 接着在食材中间挖出一个圆形，将鸡蛋打进去。

7 盖上锅盖，焖至鸡蛋成形后撒上黑胡椒粉、盐、小茴香调味，关火。

8 将烹饪完成的彩椒培根北非蛋上桌，然后放上苦菊叶点缀即可。

大道至简

一碗阳春面

 10分钟　　　简单

主料 细挂面2人份

辅料 小葱2根　|　油2茶匙　|　生抽2茶匙
盐1茶匙　|　鸡粉1茶匙

💗 **烹饪秘籍**

1 面条尽量选用易煮熟的
细面。
2 可以用猪油代替普通食用
油，增加香气。

做法

1　小葱洗净后切葱花，与油、
生抽、盐、鸡粉放入碗中。

2　锅中烧开水，舀一些开水冲
入调料，搅匀成汤。

3　沸水中下挂面煮熟。

4　捞起放入汤中即成。

咖喱鱼丸乌冬面

 15分钟　🍴 简单

主料 鲜乌冬面2袋 ｜ 咖喱块2块 ｜ 鱼丸10个
胡萝卜适量 ｜ 白煮蛋1个 ｜ 西蓝花适量

辅料 盐少许 ｜ 油少许

💗 烹饪秘籍

市售的真空保鲜乌冬面都是
熟的，只要放入面汤中煮软
就可以。面中的配菜在清水
中煮熟，颜色更鲜亮。因为
咖喱会给蔬菜染色，不介意颜色的话跟面条一起
在咖喱汤中煮也可以。

做法

1　胡萝卜洗净切菱形
片，西蓝花掰成小朵洗
净，白煮蛋去壳对半
切开。

2　烧一小锅水，水开
后放少许盐和几滴油，
下西蓝花、胡萝卜片，
煮30秒后捞出。

3　锅中放入咖喱块，
煮到咖喱块溶解。

4　放入鱼丸，煮到鱼
丸变软，漂起来。

5　放入乌冬面，煮3~
5分钟，待乌冬面变
软，恢复弹性即可关火。

6　取一个汤碗，将乌
冬面捞出，倒入适量
面汤。

7　在乌冬面表面摆上
鱼丸、胡萝卜、西蓝花
和半个白煮蛋即可。

酸辣榨菜肉丝米线

🕐 15分钟　　🍴 简单

主料 榨菜40克　|　猪里脊70克　|　油菜1棵
　　　　鸡蛋1个　|　鲜米线300克

辅料 油1汤匙　|　盐1茶匙　|　干辣椒2个
　　　　米醋1汤匙　|　大蒜10克　|　香葱1根

❤️ 烹饪秘籍

1 榨菜的口味可以根据自己
的喜好选择，如果买的是
榨菜丝，需要提前切丁。
榨菜具有一定盐分，要根
据自己的口味调整用量。

2 市售米线的种类比较多，
有干米线和鲜米线，粗细
也各不相同，可以根据自己的喜好选择。

做法

1 猪里脊切丝；油菜
去根，将叶子掰下并
洗净；将鸡蛋充分打
散；大蒜去皮后洗净，
切末；香葱洗净后将葱
白切小段，葱叶切成葱
花；干辣椒斜切成丝。

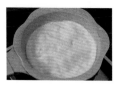

2 不粘锅小火烧热后
倒入油，倒入蛋液，摊
成薄薄的鸡蛋皮。

3 将煎好的鸡蛋皮放
凉，切成约0.5厘米粗
的丝。

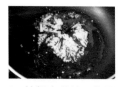

4 炒锅中放油，烧至
七成热后放入干辣椒
丝、蒜末和葱白段，煸
炒至出香味。

5 放入肉丝和榨菜煸
炒片刻。

6 加入适量清水，煮
至沸腾后将米线和油菜
放入煮熟。

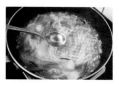

7 加入盐和米醋调
味，将米线连同汤汁倒
入大碗中。

8 撒上鸡蛋丝和葱花
即可。

快手又"吸睛"
网红豆乳盒子

🕐 10分钟　　🍴 简单

主料 香蕉1根 ｜ 燕麦40克 ｜ 酸奶200毫升

辅料 豆浆粉适量 ｜ 黄豆粉适量

💜 烹饪秘籍

最好选择即食燕麦片，若选择快熟的那种，即使浸泡了一夜，吃起来口感还是会干干的。食用的时候搅拌均匀。

做法

1　香蕉切片备用。

2　碗底先铺一层燕麦。

3　均匀地撒上一层豆浆粉。

4　放上一层香蕉片。

5　铺一层酸奶。

6　再依次铺上一层燕麦、黄豆粉和酸奶。

7　在顶层均匀地摆上香蕉片。

8　最后撒上一层黄豆粉，放入冰箱冷藏一晚即可。

火遍全球的生活方式

隔夜燕麦杯

🕐 20分钟　　🍴 简单

主料 燕麦片60克 ｜ 牛奶200毫升
香蕉1根

辅料 葡萄干少许 ｜ 坚果碎少许

💗 **烹饪秘籍**

肠胃不好、想吃点热的也没关系，提前将隔夜燕麦杯取出放至室温，或者放入微波炉加热30秒就可以了，这样对肠胃不会有刺激。

做法

1　葡萄干洗净灰尘，用厨房纸巾吸干水分。

2　香蕉剥去外皮，切成薄片。

3　梅森杯依次放入燕麦片、葡萄干、牛奶和香蕉，盖好冷藏一夜。

4　燕麦片充分吸收牛奶膨胀变软，食用前取出梅森杯，打开盖子放入坚果碎即可。

唤醒沉睡的身体

蓝莓坚果燕麦碗

🕐 15分钟　🍴 简单

主料 新鲜蓝莓50克　｜　即食燕麦80克
牛奶150毫升

辅料 坚果适量　｜　蜂蜜2茶匙

💜 **烹饪秘籍**

煮好的蓝莓粥可以依据个人
口味撒上其他水果或食材。

做法

1 将蓝莓捣碎后加入蜂蜜，腌
5分钟。留几颗蓝莓备用。

2 奶锅烧热，放入蓝莓蜂蜜。

3 转最小火熬煮至蓝莓变软。

4 加入牛奶和即食燕麦，小火
煮5分钟。

5 搅拌均匀后盛入碗中。

6 撒上新鲜蓝莓和坚果即可。

酒酿冲蛋小圆子

🕐 15分钟　　🍴 中等

主料　酒酿2汤匙　｜　鸡蛋1个　｜　小圆子20克

辅料　蜂蜜1/2茶匙　｜　枸杞子适量

💙 **烹饪秘籍** ━━━━━━━━

之前喜欢最后再放酒酿，但多次尝试后，发现先煮酒酿口感更好！

做法

1 锅中烧开水，放入酒酿和枸杞子，小火煮3分钟。

2 加入小圆子煮至浮起。

3 鸡蛋打入碗中，搅拌成均匀的蛋液。

4 将酒酿小圆子再次煮开，淋上蛋液，关火搅散。

5 出锅前放入蜂蜜调味即可。

咸香适宜
鸡丝粥

🕐 10分钟　　🥄 简单

主料 大米100克 | 鸡胸肉200克

辅料 香葱2根 | 料酒2茶匙 | 盐适量
白胡椒粉适量

💜 烹饪秘籍

在鸡胸肉的选择上，选择鸡
小胸最为合适，鸡小胸肉质
鲜嫩，更适合煮粥。

做法

1　提前一晚将鸡胸肉
洗净。锅中烧开水，加
入鸡胸肉和料酒，煮熟
捞出。

2　将煮熟的鸡肉撕成
鸡丝。

3　香葱去根洗净，取
葱绿部分切成小丁。

4　将鸡丝和香葱丁放
入保鲜盒，放进冰箱冷
藏备用。

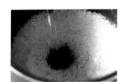

5　大米淘洗干净放入
锅中，加入煮饭量三倍
的清水。

6　使用电饭煲的预约功
能，选择第二天清晨起
床的时间，按下预约键。

7　第二天将鸡丝放入
煮好的粥中，加入盐和
白胡椒粉，用勺子推散
开，再煮5分钟。

8　出锅前撒上香葱丁，
搅拌均匀即可。

南瓜牛奶燕麦粥

🕐 5分钟　　🍴 简单

主料 牛奶500毫升 ｜ 燕麦片100克
南瓜100克

辅料 白砂糖1茶匙

💜 烹饪秘籍

燕麦清洗干净后放入水中浸泡半小时，煮出来的粥味道更香浓。

做法

1　南瓜去皮、去瓤，切小块。

2　将燕麦片和南瓜块放入锅中，加燕麦片三倍的清水。

3　使用电饭煲预约功能，选择第二天清晨起床的时间，按下预约键。

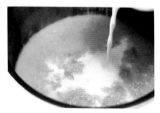

4　第二天将牛奶倒入提前煮好的燕麦南瓜粥中，搅拌。

5　撒上白砂糖。

6　搅拌均匀即可。

新鲜巧搭配

雀巢香蕉燕麦粥

🕐 10分钟　🍴 简单

主料　即食燕麦6汤匙　｜　香蕉2根

辅料　速溶咖啡2袋

💜 烹饪秘籍 ─────

1 速溶咖啡里已有甜味，不必另外加糖。

2 用咖啡冲麦片，增加香味，如果不能喝咖啡，
用加热过的牛奶也是一样。

做法

1　用开水冲泡速溶咖啡。

2　用冲好的咖啡冲泡即食燕麦。

3　香蕉剥去皮，切成薄片。

4　将香蕉放进燕麦粥里，拌匀
即成。

好吃易做的懒人早餐

蔬菜面疙瘩

🕐 15分钟　🍳 复杂

主料 番茄1个　｜　鸡蛋2个　｜　中筋面粉80克
　　　　生菜4片　｜　胡萝卜15克

辅料 盐1克　｜　油1茶匙

💗 烹饪秘籍

加了鸡蛋的面糊很容易膨胀，所以拨面糊时要注意控制面疙瘩的大小。

做法

1　鸡蛋打入碗中，打成蛋液，加盐和清水搅拌均匀。

2　筛入面粉，调和均匀备用。

3　番茄洗净、切块；胡萝卜洗净、切丁；生菜洗净，掰碎。

4　锅烧热放油，倒入番茄块、胡萝卜丁，煸炒至番茄软烂出汁。

5　加入400毫升热水，用筷子不断拨少许面糊下入锅中，直至拨完所有面糊。

6　待面疙瘩浮起后，放入生菜，再煮一两分钟，加盐调味后即可出锅。

补气补血

红豆小米豆浆

🕐 10分钟　🍴 简单

主料　红豆50克　｜　小米30克

辅料　冰糖20克

❤ **烹饪秘籍**

如果家中的豆浆机不是免滤的，还要增加过滤这一步，将豆渣过滤出去，得到细腻的豆浆。

做法

1　红豆和小米洗掉浮灰。

2　红豆和小米用清水浸泡，放入冰箱冷藏一个晚上。

3　浸泡好的红豆、小米倒入豆浆机中。

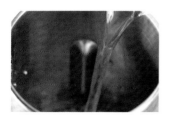

4　加入清水1000毫升。

5　按下豆浆机上的按键，选择五谷豆浆功能。

6　完成后，倒出豆浆，加入冰糖，搅拌均匀即可。

醇香浓厚
紫薯燕麦豆浆

🕐 10分钟　　🥄 简单

主料 黄豆50克　｜　紫薯150克　｜　燕麦片20克

辅料 冰糖20克

💗 烹饪秘籍

这款豆浆所用到的燕麦片，用普通的生燕麦和即食燕麦都可以，可以依据自己的喜好选择。

做法

1　黄豆洗去浮灰。

2　黄豆用清水浸泡一晚，放入冰箱冷藏备用。

3　紫薯洗净去皮，切小丁，放入保鲜盒，冰箱冷藏。

4　第二天将浸泡好的黄豆、紫薯丁和燕麦倒入豆浆机中。

5　加入清水1000毫升，选择五谷豆浆功能。

6　完成后，倒出豆浆，加入冰糖，搅拌均匀即可。

第二章

爱心满满的
午餐便当

泡菜炒饭+味噌汤

主餐：泡菜炒饭

🕐 25分钟　🍴 简单

主料 大米饭300克　｜　泡菜400克
鸡蛋2个　｜　火腿80克
胡萝卜80克

辅料 油40毫升　｜　韩式蒜蓉酱4汤匙
胡椒粉2茶匙　｜　鸡精1茶匙
香油4毫升

做法

1　将泡菜沥干水分后切丁，胡萝卜洗净去皮后切丁，火腿切成丁。

2　热锅入油，加入蒜蓉酱，爆香后倒入胡萝卜丁、火腿丁翻炒。

3　2分钟后，倒入泡菜丁快速翻炒。

4　将香油淋入大米饭中，拌匀后倒入锅中。

5　翻炒均匀后，加鸡精、胡椒粉调味，即可关火装盘。

6　另起锅放油，打入鸡蛋，煎熟后放在炒饭上即可。

配餐：味噌汤

🕐 25分钟　🍴 简单

主料 海带结150克　｜　豆腐50克
鲜香菇30克　｜　味噌酱20克

辅料 油30毫升　｜　葱花10克　｜　盐1/2茶匙

做法

1　将海带结和鲜香菇泡水5分钟后洗净，海带结捞出沥干，鲜香菇切片，豆腐切成小方块。

2　热锅放油，油热后放葱花爆香，加入500毫升温水。

3　大火煮开后倒入味噌酱，至完全溶化后，倒入海带结和香菇片。

4　转中火煮开，放入豆腐块，煮3分钟后加盐调味，关火出锅。

♥ 烹饪秘籍

1 泡菜一定要沥干水分后下锅，否则水分太多，
  与米饭同炒时容易粘锅。
2 将香油提前淋入米饭中，可以保证米饭在
  翻炒时更清爽，口感也更鲜香。

照烧鸡腿饭+酸甜腌萝卜

主餐：照烧鸡腿饭

🕐 45分钟　　🍴 简单

主料　米饭300克　｜　鸡腿2个　｜　西蓝花200克　｜　胡萝卜80克

辅料　油60毫升　｜　料酒2汤匙　｜　生抽4汤匙　｜　照烧汁4汤匙　｜　盐1茶匙　｜　胡椒粉2茶匙
　　　　　葱花20克　｜　姜丝8克

做法

1　鸡腿剔骨，加葱、姜、料酒、1汤匙生抽和胡椒粉腌制20分钟。

2　将西蓝花洗净，掰成小朵；胡萝卜洗净、去皮后，切成薄片。

3　净锅煮水，加盐，水开后倒入西蓝花和胡萝卜，焯3分钟后捞出。

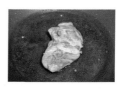

4　热锅倒油，将腌制好的鸡腿倒入锅中，煎至两面焦黄。

5　加生抽和照烧汁，再倒入50毫升水，中火焖10分钟左右，大火收汁。

6　将鸡肉均匀切好，与西蓝花、胡萝卜和米饭一起装入便当盒。

❤ 烹饪秘籍

如果没有照烧汁，也可以自己调配，用1汤匙蚝油、2汤匙蜂蜜、1汤匙生抽、2汤匙料酒、1/2茶匙盐和20毫升清水调匀即可。收汁时可以适当留点汁液倒在米饭上，味道更浓郁。

配餐：酸甜腌萝卜

主料　白萝卜300克　｜　小米椒段5克

🕐 35分钟（不含冷藏时间）　　🍴 简单

辅料　米醋2汤匙　｜　白砂糖2汤匙　｜　盐1茶匙

做法

1　将白萝卜洗净后切成薄片，加盐，腌制30分钟至萝卜出水。

2　将白萝卜洗净，控干水分，加小米椒、米醋和白砂糖搅匀。

3　调好后放入冰箱冷藏一晚，就可以作为便当的配餐了。

台湾卤肉饭+卤鸡蛋

主餐：台湾卤肉饭

🕐 35 分钟　🍴 简单

主料　猪五花肉400克　｜　米饭300克
　　　西蓝花100克　｜　胡萝卜80克

辅料　油60毫升　｜　葱花20克　｜　姜丝10克
　　　蒜粒10克　｜　盐1茶匙　｜　生抽2汤匙
　　　八角6克　｜　白砂糖4汤匙　｜　老抽2茶匙
　　　料酒4汤匙　｜　十三香2茶匙

做法

1　将猪五花肉洗净后切成细碎丁，加料酒、部分生抽腌制20分钟。

2　将西蓝花、胡萝卜洗净，西蓝花分成小朵，胡萝卜去皮、切块。

3　热锅冷油，用姜蒜炝锅，倒入五花肉翻炒，加生抽、老抽、白砂糖、十三香、八角和400毫升温水，大火焖煮。

4　另起锅煮水，加盐，水开后倒入西蓝花和胡萝卜块，焯熟后捞出，沥干备用。

5　待猪五花肉熬煮至汤汁浓稠后关火，倒入米饭中，码上焯熟的西蓝花和胡萝卜块即可。

💗 **烹饪秘籍**

如果时间紧张，卤鸡蛋和卤猪肉可一起进行，只需在卤肉前提前将鸡蛋煮熟，剥去蛋壳就行。

配餐：卤鸡蛋

🕐 35 分钟　🍴 简单

主料　鸡蛋4个　　**辅料**　干辣椒段3克　｜　卤肉汤汁200毫升

做法

1　将鸡蛋洗净后放入锅中，倒入300毫升冷水，煮15分钟后捞出过冷水，剥壳后用小刀轻划两下。

2　将鸡蛋放入锅中，倒入卤肉后的汤汁，加入干辣椒和适量水，没过鸡蛋即可。

3　大火煮开后，转中小火继续熬煮，20分钟关火捞出，切两半后与卤肉饭一起装盒即可。

牛肉卷盖饭+辣白菜

主餐：牛肉卷盖饭

🕐 25分钟　　🍴 简单

主料 米饭300克 ｜ 洋葱200克
牛肉卷400克

辅料 油60毫升 ｜ 盐1茶匙 ｜ 蚝油1汤匙
料酒2汤匙 ｜ 生姜6片
黑胡椒粉1茶匙

做法

1 将牛肉洗净后切薄片，加料酒、姜片和蚝油，腌制10分钟。

2 将洋葱去外皮后切大小合适的圆细丝备用。

3 热锅冷油，倒入腌好的牛肉卷，大火煸炒，加温水40毫升焖煮。

4 倒入洋葱，炒至颜色透明后，加盐和胡椒粉调味，关火。

5 将炒好的洋葱牛肉卷连带汤汁一起淋在米饭上即可。

💙 烹饪秘籍

牛肉卷如果切得很薄，怕炒碎，也可以提前用沸水烫熟，再和洋葱一起炒，烫煮牛肉时要不断撇除浮沫。

配餐：辣白菜

🕐 20分钟（不含腌制时间）　　🍴 简单

主料 白菜300克

辅料 辣酱5汤匙 ｜ 盐3汤匙

做法

1 将白菜去根、洗净，剔除掉外面的老叶，对半切开，取一半使用。

2 将盐均匀地一层层抹到白菜上，腌制24小时，用清水冲洗备用。

3 戴一次性手套，将辣酱均匀抹到白菜上，包括根部，越均匀越好。

4 用保鲜袋将抹好辣酱的白菜包裹好，放入冰箱中冷藏，2天后取出，剪成小块即可食用。

香菇鳕鱼茄汁饭+煎芦笋

主餐：香菇鳕鱼茄汁饭

🕐 25分钟　　🍴 简单

主料 米饭300克 | 鳕鱼600克 | 鲜香菇40克 | 胡萝卜80克

辅料 油60毫升 | 盐1茶匙 | 料酒2汤匙 | 番茄酱4汤匙 | 葱花10克 | 鸡精1茶匙

做法

1 将鳕鱼解冻后，用厨房纸擦干表面水分，切成小块。

2 鳕鱼中加料酒和盐，腌制10分钟左右。

3 将鲜香菇洗净，切成细丁；胡萝卜洗净，去皮、切细丁。

4 取锅煮水，水开后倒入香菇丁和胡萝卜丁，焯熟捞出。

5 平底锅倒油，小火烧至温热后，放葱花炝锅。

6 倒入切好的鳕鱼煸炒，放番茄酱，倒入香菇丁和胡萝卜丁，加100毫升温水熬煮一会儿。

7 加盐和鸡精调味后盛出，与米饭一起装入便当盒中即可。

❤ 烹饪秘籍

在煎鳕鱼的时候不要过早翻面，可以事先扑上点淀粉防止煎碎。

🕐 10分钟 🍴 简单

主料 芦笋200克

辅料 油30毫升 ｜ 胡椒粉1/2茶匙
　　　盐1茶匙

💗 **烹饪秘籍** ━━━━━━

芦笋焯水时加点盐，可以保
持青绿的色泽，更鲜亮。

做法

1 将芦笋洗净后去除
老根。

2 净锅煮水，加盐，
水开后焯芦笋，1分钟
后捞出沥干。

3 平底锅内倒油，小
火烧至温热后，放入焯
好的芦笋。

4 芦笋煎炒一会儿
后，放入盐、胡椒粉，
拌匀即可出锅啦。

有滋有味

红烧鸡翅+水煮蔬菜+杂粮饭

🕐 30分钟　🍴 简单

主料 鸡翅10个 ｜ 杂粮饭300克
菜花160克 ｜ 秋葵100克
胡萝卜100克

辅料 蚝油2汤匙 ｜ 生抽4茶匙 ｜ 料酒2茶匙
姜4片 ｜ 黑胡椒粉1茶匙
盐1茶匙 ｜ 油4茶匙

💗 烹饪秘籍

鸡翅本身有一些油脂,煎制时放一点油就可以,但是注意火候,避免煳锅。

做法

1　鸡翅洗净,在背面划开两刀,以便腌制的时候更好入味。

2　姜切成姜丝,放入鸡翅中,再放入料酒、盐和黑胡椒粉,腌10分钟。

3　在腌制同时,胡萝卜洗净、切片;菜花掰小朵;胡萝卜、秋葵和菜花入沸水中汆烫至断生。

4　不粘锅内加入油,中小火加热,油微热后放入腌制好的鸡翅。

5　待鸡翅两面煎成金黄色,倒入适量清水、生抽和蚝油,中火炖煮5分钟。

6　把做好的鸡翅、蔬菜和杂粮饭码放入便当盒中即可。

黑胡椒鸡胸肉+
水煮西蓝花+
玉米饭

🕐 20分钟　　🍴 简单

主料　玉米饭300克　｜　鸡胸肉300克
　　　　西蓝花200克　｜　小白菜200克

辅料　黑胡椒粉2茶匙　｜　盐1茶匙
　　　　油4茶匙

💛 烹饪秘籍

鸡胸肉敲松后，口感会比较松软，煎制时也比较
容易熟。

做法

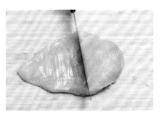

1　鸡胸肉洗净，用刀背敲松，加入黑胡椒粉和盐，腌制10分钟。

2　不粘锅加入油，中火加热，油微热后，放入鸡肉煎至两面金黄。

3　小白菜、西蓝花择洗净，焯水，捞出备用。

4　将所有食材均匀码入便当盒中即可。

连米饭都浸满了滋味

海南鸡饭

🕐 50分钟 🍴 复杂

主料 鸡腿2只 | 大米适量 | 黄瓜1根

辅料 蒜4瓣 | 大葱2根 | 姜1块
盐2茶匙

💚 烹饪秘籍

生抽、芝麻油、蒜蓉、姜蓉、小葱碎和小米辣椒碎混合均匀做成料汁，可以与海南鸡饭搭配食用。

做法

1 鸡腿洗去血水，用盐在鸡皮的表面摩擦一遍。

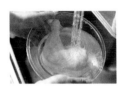

2 用清水将表皮的盐分冲洗干净。

3 将大葱切段、姜切片，鸡腿和葱姜放入锅中，加入冷水大火煮沸。

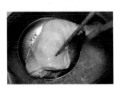

4 水沸腾后，加盐转小火煮半小时左右。用筷子插入鸡肉后，没有血水流出就可以关火了。

5 捞出鸡腿，放入冰水中冷却。

6 煮鸡腿的汤撇去葱、姜、油花和浮沫，与大米一同放入电饭锅中煮成米饭。

7 煮饭的过程中，将鸡腿斩成约1指宽的鸡块。黄瓜斜刀切成片。

8 米饭盛出，将鸡块和黄瓜摆上即可。

干锅菜花+圣女果+糙米饭

🕐 20分钟　🍴 简单

主料　鸡胸肉300克　｜　菜花200克
　　　　糙米饭300克　｜　圣女果200克

辅料　孜然粒2茶匙　｜　油4茶匙　｜　盐1茶匙
　　　　生抽4茶匙　｜　蚝油2茶匙

💚 烹饪秘籍

鸡胸肉切好后，也可以放入一些料酒和黑胡椒粉腌制5分钟左右，味道更浓郁。

做法

1　菜花洗净，掰成小朵，放入沸水锅中汆烫至断生，捞出备用。

2　鸡胸肉洗净，切成薄片。大火加热不粘锅，放油烧至微热后，放入鸡胸肉翻炒。

3　待鸡肉成熟后，放入菜花翻炒，然后加入生抽、蚝油、盐、孜然粒调味，翻炒均匀。

4　将炒好的菜花码入便当盒中，再装入糙米饭和洗净的圣女果即可。

超解馋的一餐

麻辣香锅+香蕉+米饭

🕐 30分钟　🍴 简单

主料　米饭300克　｜　藕100克　｜　莴笋200克
鸡腿肉200克　｜　鲜香菇200克
海带结200克　｜　香蕉2根

辅料　干辣椒段40克　｜　麻椒少许
花椒少许　｜　郫县豆瓣酱2汤匙
蒜8瓣　｜　姜4片　｜　蚝油4茶匙
白砂糖2茶匙　｜　油4汤匙

💙 烹饪秘籍

1 如果辅料准备不全，可以购买麻辣香锅的配料。
2 可以在配菜时准备一些绿叶菜一起食用。

做法

1　藕和莴笋去皮，切成薄片；鲜香菇对半切开；鸡肉切小丁。

2　将藕、莴笋、香菇、海带结分别焯水捞出。

3　不粘锅内加入适量油，中火烧热，放入鸡肉丁煎炒至熟。

4　另起油锅，加入郫县豆瓣酱、花椒、麻椒、干辣椒段炒香，再加入姜和蒜煸炒出香味。

5　待调料炒香后，加入鸡丁和藕、莴笋、香菇、海带结，翻炒均匀。

6　翻炒两三分钟后加入蚝油、白砂糖，继续翻炒1分钟，与米饭、香蕉一起装入便当盒中。

便捷又美味

韩式拌饭便当

🕐 15分钟　🍴 简单

主料 米饭300克 ｜ 五花肉200克
黄豆芽200克 ｜ 鲜香菇200克
油菜100克 ｜ 胡萝卜100克

辅料 韩式辣酱适量 ｜ 白砂糖2茶匙
生抽2汤匙 ｜ 料酒2汤匙 ｜ 油2汤匙
大蒜6瓣 ｜ 香油2茶匙

💗 烹饪秘籍

五花肉本身会出一点油脂，所以炒制时可少加一些油。

做法

1 五花肉切成小片，放入碗中，加入适量生抽、料酒、白砂糖，腌制10分钟。

2 胡萝卜和香菇洗净，切成细丝；锅中加适量油，放入胡萝卜、香菇炒熟盛出。

3 油菜和黄豆芽洗净，分别焯水，盛出备用。

4 锅中加入油，大火加热，放入切成末的大蒜炒香，放入腌制好的五花肉。

5 将五花肉炒至肉片卷翘、外皮焦黄，加入生抽和香油调味，然后码在便当盒中的米饭上。

6 把胡萝卜、香菇、黄豆芽和油菜也均匀码入便当盒中，再放上适量的韩式辣酱即可。

家常的滋味

水芹菜炒牛肉丝+
糙米饭

🕐 30分钟　　🍳 简单

主料 牛肉里脊300克　│　水芹菜200克
糙米饭300克

辅料 蚝油4茶匙　│　生抽2茶匙
黑胡椒粉4茶匙　│　盐1茶匙
油2汤匙

💜 烹饪秘籍

牛里脊比较好切，肉质也比较嫩滑。

做法

1　用刀背在牛肉上敲几下，使牛肉的纤维断裂后，切成细丝。

2　将牛肉细丝放入碗中，加入盐和2茶匙黑胡椒粉，腌制10分钟。

3　水芹菜洗净，切成小段备用。

4　大火将锅加热，放入油，油温升高后，放入牛肉丝炒至牛肉变色。

5　放入水芹菜，加蚝油、生抽调味，待芹菜变软，放入剩下的黑胡椒粉炒至均匀。

6　糙米饭放入便当盒中，再将炒好的牛肉芹菜丝也放入便当盒中就可以了。

黑椒牛柳便当

🕐 30分钟　　🍴 复杂

主料　牛里脊400克　｜　洋葱1个
　　　　青椒2个　｜　杂粮饭300克

辅料　料酒2汤匙　｜　干淀粉2汤匙
　　　　黑胡椒粉2茶匙　｜　现磨黑胡椒碎2茶匙
　　　　生抽2汤匙　｜　老抽1汤匙
　　　　白砂糖2茶匙　｜　蚝油2汤匙
　　　　油适量　｜　盐适量

💜 烹饪秘籍

新鲜的牛里脊可以放入冰箱中冷冻一会儿，外层变硬时取出，这样更容易切成均匀的肉丝。

做法

1　牛里脊切成0.5厘米左右粗细的丝，洋葱、青椒也切成和牛肉差不多粗细。

2　肉丝中加入盐、料酒、干淀粉和2汤匙水，用手抓匀腌制15分钟。

3　腌肉的过程中，将黑胡椒粉、现磨黑胡椒碎、生抽、老抽、白砂糖、蚝油、盐放入小碗中，搅拌成均匀的黑椒汁。

4　炒锅烧热，倒入适量油，大火将牛肉丝爆炒几下。

5　炒至牛肉变色后，倒入调好的黑椒汁翻炒均匀。

6　下入洋葱丝和青椒丝，快速翻炒后与杂粮饭一同装进便当盒。

清爽的蔬食便当

茄汁豆腐+爽口莴笋+黑米饭

🕐 20分钟　　🍴 简单

主料　北豆腐200克　｜　黑米饭300克
莴笋200克

辅料　番茄酱4汤匙　｜　蚝油4茶匙
盐少许　｜　油4茶匙　｜　葱2段
姜4片　｜　白砂糖2茶匙

💗 烹饪秘籍

喜欢番茄汁风味比较浓郁的，可以再放入一些番茄丁。

做法

1　豆腐洗净，切成1厘米左右见方的小块，放入不粘锅内，中小火煎至两面金黄。

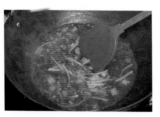

2　葱、姜切成细丝；锅中放油，放入葱姜丝炒香，放番茄酱翻炒半分钟，加适量清水、蚝油、白砂糖、盐，调成番茄汁。

3　放入煎好的豆腐，小火炖煮5~8分钟，待汤汁浓稠后，翻拌均匀，装入便当盒中。

4　莴笋切成细丝，水煮断生，捞出过凉后加入盐拌匀，与黑米饭一起装入便当盒中。

好吃不长胖
芦笋炒虾仁+
白灼菜花+杂粮饭

🕐 30分钟　　🔪 简单

主料　芦笋200克　｜　虾仁20只
　　　　菜花200克　｜　杂粮饭300克

辅料　油2汤匙　｜　盐2茶匙　｜　料酒4茶匙

💜 烹饪秘籍

芦笋焯水时间不宜过长，变
色就可以捞出。

做法

1　芦笋削去硬的表皮，切成斜
段；菜花掰成小朵，洗净；虾仁
去掉虾线备用。

2　将芦笋放入开水锅中焯烫至
变色后捞出，再将菜花焯烫至断
生，捞出备用。

3　锅中放油，大火烧热，放入
虾仁翻炒至变色，烹入料酒去
腥，再放入芦笋翻炒。

4　当虾仁炒成红色后，加入盐
翻炒均匀，出锅放入便当盒中。

5　再将菜花和杂粮饭码到便当
盒中即可。

韩国什菜拌饭

🕐 35分钟　　🍴 中等

主料　米饭300克　|　菠菜少许　|　豆芽少许
　　　　西葫芦少许　|　香菇少许　|　鸡蛋2个

辅料　韩国拌饭酱2汤匙　|　白芝麻少许
　　　　海苔碎少许　|　油少许

❤ **烹饪秘籍**

拌饭要趁热才好吃，尽量选择有保温效果的便当盒，或者可以放入微波炉中加热的材质。

做法

1 菠菜、西葫芦和香菇洗净，分别切成和豆芽粗细长度都差不多的细丝。

2 平底锅加入少许油烧热，分别将各种蔬菜丝炒熟，盛在盘中备用。

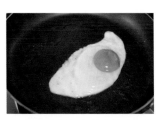

3 利用平底锅中剩余的油，将鸡蛋单面煎熟。

4 米饭盛在便当盒中，分别摆上各种炒熟的蔬菜丝。

5 将煎蛋摆放在正中间位置。

6 淋上拌饭酱，撒入白芝麻和海苔碎即可。

不用去深夜食堂也有美味
章鱼香肠饭

🕐 15分钟　🍴 简单

主料 小香肠16个　｜　米饭300克
西蓝花1个

辅料 盐适量　｜　黑芝麻少许　｜　油适量

💗 烹饪秘籍

如果没有买到小香肠也没关系，可以将热狗肠先
从中间对半切开，再切成章鱼形状就可以了。

做法

1　西蓝花洗净后，切成适宜入
口的小朵。

2　沸水中加入适量盐和少许
油，将西蓝花汆烫1分钟左右后
捞出，沥干备用。

3　小香肠从1/2处，对半切开。

4　第一刀切完后，转动一下再
切两刀，将小香肠切成六条腿的
"章鱼"形状。

5　所有的香肠都切好之后，锅
中加入少许油，小火将香肠煎一
会儿，直到"章鱼腿"蜷缩起来。

6　将米饭填入便当盒的一边，撒
上少许黑芝麻。白灼西蓝花和章
鱼香肠填入便当盒的另一边即可。

萌芽的精华

秋葵麦芽饭

🕐 35分钟　🍴 中等

主料 大米40克 ｜ 糙米40克 ｜ 藜麦40克
秋葵10个 ｜ 鸡蛋2个

辅料 盐适量 ｜ 油适量 ｜ 黑芝麻少许
白芝麻少许

💗 烹饪秘籍

糙米需要提前两三天浸泡。每天换水2次，藜麦浸泡一夜即可发芽。看到糙米和藜麦都发芽就可以混合在一起制作麦芽饭了。

做法

1　藜麦提前用清水浸泡发芽，与糙米、大米一同放入电饭锅中煮成麦芽饭。

2　秋葵洗净，切成约0.5厘米厚的片备用。

3　鸡蛋在碗中打散，加入盐搅拌均匀。

4　炒锅中加入适量油，将秋葵下入锅中快速煸炒一下。

5　秋葵变色后，淋入蛋液继续翻炒，使蛋液均匀地裹住每一粒秋葵。

6　将麦芽饭盛出铺满便当盒底部，上面盖上蛋炒秋葵，再撒上少许黑、白芝麻即可。

夏日简单家常饭

三色素便当

🕐 30分钟　　🍴 中等

主料 小白菜5棵 ｜ 玉米粒适量
紫甘蓝1/2个 ｜ 糙米饭300克

辅料 黄油10克 ｜ 白糖适量 ｜ 盐适量
胡椒粉少许 ｜ 芝麻油适量
白醋适量 ｜ 白芝麻适量

💙 烹饪秘籍

拌好的凉菜可以放在冰箱中冰镇一会儿，口感更
加爽脆，也更适合在胃口不佳的夏天食用。

做法

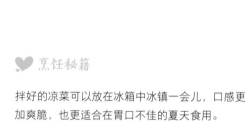

1 将食材洗净，紫甘蓝切成细丝，小白菜取绿叶的部分切成3厘米左右的小段。

2 加入适量盐和白糖，将紫甘蓝腌制一会儿。

3 倒掉腌制出来的多余水分，加入芝麻油、白醋和白芝麻拌匀。

4 锅中加入足量水煮沸，分别将玉米粒和小白菜下入锅中焯熟。

5 玉米粒捞出后沥干水分，趁热拌入少许黄油和盐。

6 将小白菜捞出后用手挤干水分，剁成细末。

7 用盐、胡椒粉、白糖和芝麻油将小白菜碎拌匀。

8 将糙米饭在便当底部铺满，然后将三色凉菜分别摆好即可。

酿苦瓜便当

🕐 35分钟 　 🍴 复杂

主料 苦瓜2个 ｜ 南瓜适量 ｜ 紫薯适量
鸡胸肉适量 ｜ 杂粮饭300克

辅料 盐适量 ｜ 油适量 ｜ 胡椒粉少许
料酒少许 ｜ 蜂蜜少许

💗 **烹饪秘籍**

鸡胸肉打成肉糜后，需要像拌饺子馅一样，用筷子顺着一个方向不停搅拌，使肉糜抱团。这样可以使肉糜更有黏性，不容易脱落。

做法

1　苦瓜切成长度为2厘米左右的段。

2　用勺子挖去白色的瓤，如果怕苦可以尽量挖得干净一些。

3　沸水中加入适量盐和油，将苦瓜段焯熟。变色后取出苦瓜圈，分成三份。

4　南瓜和紫薯去皮，切成大块，分别放入锅中蒸熟。

5　鸡胸肉用机器打成肉糜状，加入盐、胡椒粉和料酒搅拌均匀。

6　将鸡肉泥酿入苦瓜圈中，入蒸锅蒸5分钟左右。

7　南瓜和紫薯蒸熟后，与少许蜂蜜调匀，压成南瓜泥和紫薯泥。

8　将南瓜泥和紫薯泥也分别酿入剩余的苦瓜圈中，和杂粮饭一同放入便当。

海的味道我知道

海味便当

🕐 20分钟　　🍴 简单

主料 杂粮饭300克 ｜ 鸡蛋2个 ｜ 大虾10只

辅料 紫菜少许 ｜ 盐适量 ｜ 胡椒粉少许
　　　　油适量

💗 烹饪秘籍

干紫菜中的杂质较多，入菜前用清水认真冲洗，
吃起来更加放心。

做法

1 紫菜用清水泡开，捏干水分
后切碎成紫菜碎。

2 鸡蛋在碗中打散，加入盐、胡
椒粉和紫菜碎，再次搅打均匀。

3 平底锅倒入适量油烧热，将
紫菜蛋液倒入锅中煎成蛋饼。

4 蛋饼两面都煎熟后取出，沿
着中线切成均匀的八块。

5 大虾剪去须子和腿脚，剔去
虾线。

6 将大虾放入沸水中烫熟，变
色后捞出即可与其他食材一同装
入便当盒中。

海鲜炒面+番茄沙拉

主餐：海鲜炒面

🕐 30 分钟　🔪 简单

主料 手拉面条300克 ｜ 鲜虾200克
　　　 海蛎子肉100克 ｜ 洋葱50克

辅料 油40毫升 ｜ 墨鱼汁2汤匙 ｜ 盐1茶匙
　　　 料酒4汤匙 ｜ 姜丝10克 ｜ 生抽2茶匙
　　　 豆瓣酱2汤匙

做法

1　将虾剪须，剔除虾线后洗净；海蛎子肉洗净；洋葱剥外皮，取半切成细长条备用。

2　净锅煮水，加姜、料酒煮开后，放虾和海蛎子肉，3分钟后捞出，将海蛎子肉泡冰水，虾剥壳备用。

3　再次净锅煮水，水开后下面条，煮10分钟左右，捞出过凉白开，备用。

4　炒锅倒油，加入豆瓣酱，倒入海蛎子肉和鲜虾翻炒。

5　加生抽、墨鱼汁和100毫升温水，熬煮至汤汁浓郁后，倒入洋葱翻炒。

6　最后加面条，翻炒均匀，加盐调味后即可关火出锅。

❤ 烹饪秘籍

选面条时，一定要选筋道且宽粗的手工面条，煮至七成熟即可捞出过凉白开，这样口感好，不坨，下锅炒时也能清爽不粘锅。

配餐：番茄沙拉

🕐 3 分钟　🔪 简单　**主料** 小番茄150克 ｜ 生菜150克

做法

辅料 沙拉酱2汤匙

1　将小番茄洗净后横切两半，放入盘中。

2　生菜洗净后切成碎块，放入盘中。

3　加沙拉酱搅拌，拌匀后即可享用。

干炒牛河+白灼芥蓝

🕐 30 分钟　🍴 中等

主料　河粉200克　｜　牛里脊100克
　　　　　芥蓝400克　｜　洋葱40克
　　　　　韭黄40克　｜　绿豆芽100克

辅料　油40毫升　｜　料酒2汤匙　｜　葱20克
　　　　　小红椒20克　｜　生抽2茶匙
　　　　　老抽2茶匙　｜　盐2茶匙　｜　淀粉2汤匙
　　　　　蚝油2汤匙　｜　蒸鱼豉油2汤匙

做法

1　牛里脊洗净，切成薄片，加淀粉和1汤匙料酒一起抓匀，腌制10分钟。

2　洋葱、韭黄、绿豆芽及葱洗净，洋葱切丝，韭黄、葱切3厘米长的段。

3　剩下的料酒和生抽、老抽、盐混合搅拌均匀成料汁备用。

4　锅烧热，倒入30毫升油，大火烧至冒烟，迅速倒入牛肉片滑散，翻炒至牛肉变色后，盛出备用。

5　锅再次烧热，倒入10毫升油，放入河粉，大火急速翻炒半分钟左右。

6　倒入之前炒好的牛肉，以及洋葱、韭黄、绿豆芽，大火翻炒至蔬菜断生。

7　淋入料汁，放入葱段，再次翻炒至料汁均匀即可起锅。

8　芥蓝洗净，切成两段；小红椒洗净，横向切成辣椒圈。

9　锅烧沸水，放入芥蓝，焯1分钟左右至熟，捞出过冷水后，控干放入盒中。

10　锅烧热，加约3汤匙水，在水中放入蚝油、蒸鱼豉油和辣椒圈，大火将调料汁煮沸。

11　把调料汁另装盒子，吃之前淋入芥蓝中即可。

💗 **烹饪秘籍**

1　干炒牛河一定要全程猛火快炒，注意食材下锅后要快速滑散，保持受热均匀。

2　芥蓝焯水后过冷水可以保持翠绿。

水煮秋葵+火龙果+鸡肉番茄意酱面

🕐 20分钟　　🍴 简单

主料 意大利通心粉200克 | 鸡胸肉400克
番茄2个 | 番茄酱4汤匙 | 洋葱1个
秋葵200克 | 火龙果1个

辅料 黑胡椒粉2茶匙 | 意大利综合香料4茶匙
盐1茶匙 | 白砂糖1茶匙 | 油2汤匙

💗 **烹饪秘籍**

在通心粉煮好后加入一点橄榄油拌匀，可以避免通心粉粘连在一起。

做法

1 鸡肉洗净，剁成肉末；番茄洗净、去皮，切成丁；洋葱切成小丁；秋葵洗净。

2 不粘锅放入油，中火加热，将鸡肉末在锅中滑散定形，盛出备用。

3 另起油锅，加油烧热，放入洋葱丁翻炒至软，加入番茄丁，翻炒一两分钟后出汤，加入番茄酱和鸡肉末翻炒均匀。

4 待酱汁翻炒浓稠后，加入盐、白砂糖、意大利综合香料、黑胡椒粉，翻炒入味即可。

5 煮锅内加入适量水，烧开后放入秋葵汆烫至断生，然后入冷水中过凉。

6 再将意大利通心粉放入锅中煮8~10分钟，捞出控水。

7 将所有准备好的食材均匀码入便当盒中。

8 最后将火龙果去皮、切块，装入水果盒内。

蛋煎馒头丁+
西蓝花胡萝卜炒蘑菇

🕐 20分钟　　🍴 简单

主料 馒头200克 ｜ 鸡蛋4个 ｜ 西蓝花100克
胡萝卜100克 ｜ 口蘑80克

辅料 油2汤匙 ｜ 盐2茶匙
黑胡椒粉1茶匙

💗 烹饪秘籍

1 煎炒馒头丁要选用隔夜的
冷馒头，不要用刚出锅的
热乎乎的馒头。

2 胡萝卜和口蘑切得小而
薄，较易炒熟。

做法

1 馒头切丁；鸡蛋打入碗中，加1茶匙盐，搅匀；西蓝花掰小朵；胡萝卜、口蘑切薄片。

2 将馒头丁裹上蛋液，平底锅烧至六成热，倒入1汤匙油，铺满锅底，下馒头丁。

3 中小火煎炒馒头丁，至表面金黄后起锅。

4 炒锅烧至六成热，倒入1汤匙油，下胡萝卜、口蘑，中小火翻炒。

5 炒5分钟左右，倒入西蓝花，再翻炒2分钟，加盐、黑胡椒粉炒匀，起锅。

6 将蛋煎馒头丁和西蓝花胡萝卜炒蘑菇分装入餐盒即可。

想不到"肥宅快乐水"还可以卤肉

青椒卤肉卷饼

🕐 50分钟　　🍴 简单

主料　猪五花肉400克　│　青椒100克　│　面粉200克

辅料　老姜1块（约10克）　│　生抽3汤匙　│　料酒2汤匙　│　可乐400毫升

做法

1　猪五花肉洗净，切成2厘米见方的小块；老姜切片，青椒洗净、切碎。

2　把五花肉、姜片和生抽、料酒一起腌制半小时。

3　把腌制好的五花肉连同腌料一起倒入电饭煲，倒入可乐，按煮饭键。

4　大约煮25分钟，煮的过程中需要开盖搅拌一下，至汤汁浓稠、五花肉变酱色后，出锅放凉，切碎。

5　煮肉的过程中，将100毫升沸水倒入面粉，快速搅拌混合。

6　接着倒入约35毫升冷水，水要一点点加入，和成一个柔软的面团，盖上保鲜膜松弛20分钟。

7　把面团分成大小均匀的6份，把每份面团擀开，成为一张薄薄的面饼。

8　平底锅烧热，不放油，用中火烙面饼，至饼皮有点鼓胀时，翻另一面。

9　翻面后再烙30秒左右，一张饼就烙好了，重复几次，烙完所有面饼。

10　最后把卤肉和青椒碎混合，放在面饼里卷起来即可。

💙 烹饪秘籍

1 这个卷饼的饼皮用沸水来和面，可以快速地揉出一个柔软的面团。

2 饼皮一定要擀得均匀而薄，既方便烙熟，吃起来口感也好。

西式冷食便当

🕐 15分钟　　🍴 简单

主料　三文鱼腩500克　｜　法棍1/3根

辅料　茴香苗适量　｜　盐适量　｜　伏特加2汤匙
黑胡椒碎适量　｜　柠檬1/2个

💗 烹饪秘籍

伏特加酒精度数较高，可以起到很好的消毒杀菌作用。替换成其他高度数的烈性酒腌制三文鱼，风味上会稍有不同。

做法

1　用牙签在三文鱼腩两面上都扎一些小洞。

2　用伏特加在三文鱼的两面上涂抹均匀，等待酒精被三文鱼吸收。

3　茴香苗洗净，用厨房纸擦干表面水分，切成碎末。

4　在三文鱼上撒入茴香末、黑胡椒碎和盐，然后将柠檬对半切开，挤入柠檬汁。

5　将调料涂抹均匀，然后用保鲜膜将三文鱼包裹好放入冰箱中腌制过夜。

6　取出腌好的三文鱼腩，切成薄片。法棍切成1厘米左右的厚片，搭配食用。

彩虹越南春卷便当

🕐 25分钟　　🍴 中等

主料 鸡胸肉200克 ｜ 越南春卷皮1袋
鸡蛋1个 ｜ 荷兰黄瓜1根
胡萝卜1/2根 ｜ 紫甘蓝1/4个

辅料 盐适量 ｜ 料酒1汤匙

💚 **烹饪秘籍**

取2汤匙鱼露放入碗中，加入剁碎的小米椒和柠檬汁调匀，就可以制成一款酸辣清新的春卷酱汁。

做法

1　鸡胸肉加入适量盐和料酒，冷水入锅煮熟。

2　煮好的鸡胸肉放凉，撕成均匀的细丝。

3　鸡蛋在碗中打匀，用平底不粘锅煎成薄薄的蛋饼。

4　将其他食材洗净，分别切成各色素菜丝。蛋饼放凉后也切成细丝备用。

5　春卷皮放入温水中浸泡五六秒钟后，取出铺在干净的大盘子中。

6　依次放入黄瓜丝、胡萝卜丝、紫甘蓝丝、蛋皮丝和鸡丝，自下而上卷起来就可以了。

五彩QQ糖

杂蔬虾仁炒年糕

🕐 20分钟　　🍴 中等

主料 条状年糕200克　|　虾仁适量
洋葱1个　|　玉米粒适量　|　青豆适量
胡萝卜1个　|　红彩椒1个

辅料 盐适量　|　油适量　|　生抽少许

💗 烹饪秘籍

这样炒出来的年糕更有嚼劲，如果你喜欢绵软的年糕，不妨在炒匀后加入小半碗清水，大火煮1分钟。

做法

1　条状的年糕切成边长1厘米左右的小粒。

2　虾仁、洋葱、胡萝卜、红彩椒分别洗净，切成和年糕粒差不多大小的小丁。

3　炒锅加入适量油，先倒入洋葱丁爆香。

4　洋葱变得有些透明时，加入虾仁翻炒至断生。

5　将年糕粒和蔬菜丁下入锅中翻炒均匀，加入适量盐调味。

6　淋入少许生抽，大火快炒几下即可装入便当盒。

四时四季

四色饭团便当

🕐 20分钟　🍴 中等

主料 米饭300克 ｜ 西蓝花1/2棵
南瓜200克 ｜ 胡萝卜1根

辅料 盐适量 ｜ 橄榄油少许 ｜ 海苔碎适量
寿司醋1汤匙

💗 烹饪秘籍

将饭团的尺寸握得小一些，更方便放在便当里。
一口一个饭团，不用担心吃的时候散落得到处都是。

做法

1　取出蒸熟的米饭，拌入几滴橄榄油和适量盐。

2　西蓝花、胡萝卜、南瓜洗净，将西蓝花、胡萝卜切成适合的大小。

3　分别将西蓝花和胡萝卜放入沸水中汆烫1分钟左右，南瓜放入蒸锅中蒸熟。

4　食材沥干水分后，分别将西蓝花与胡萝卜切成碎末备用，南瓜制成南瓜蓉。

5　米饭分成四等份，分别与西蓝花碎、胡萝卜碎、南瓜蓉、海苔碎、寿司醋拌匀。

6　双手沾少许凉水，将各色米饭握成乒乓球大小的饭团。整理好饭团的形状后放入便当盒中即可。

香飘十里就是你

炸鸡排三明治

 40分钟　　🍴 简单

主料　鸡胸肉200克　|　鸡蛋2个
　　　　吐司4片　|　番茄50克　|　生菜60克

辅料　玉米淀粉30克　|　面包糠50克
　　　　盐1/2茶匙
　　　　玉米油300毫升（实耗约30毫升）

💚 烹饪秘籍

1 喜欢吃辣的，可以在腌制鸡胸肉时加1茶匙辣椒粉。

2 炸制鸡排时要注意用中火，大火容易炸焦，小火会多吸油。

做法

1　鸡胸肉从中间横着片成约1厘米厚的片，用刀背把鸡肉拍松。

2　在鸡胸肉上加入盐、约10毫升玉米油和5克左右淀粉，用手抓匀，腌制半小时。

3　鸡蛋打散成蛋液，番茄、生菜洗净，番茄切圆片，生菜撕成大片。

4　先将鸡胸肉裹上薄薄一层淀粉，再放入蛋液中浸透，裹上一层面包糠。

5　锅烧热，倒入剩下的玉米油，油锅热后，放入鸡胸肉炸。

6　中火炸至鸡胸肉两面金黄，出锅沥油。

7　在两层吐司面包中夹入炸鸡排、生菜、番茄，炸鸡排三明治即成。

一只手握不住

超大巨无霸
三明治

🕐 15分钟　　🍴 简单

主料 吐司砖1个 ｜ 鸡蛋2个 ｜ 生菜30克
　　　 午餐肉30克 ｜ 黄瓜30克
　　　 胡萝卜30克 ｜ 圆白菜20克

辅料 花生酱2茶匙

💙 **烹饪秘籍**

煮好的鸡蛋放入凉水中浸泡一
会儿，就很容易剥掉鸡蛋壳了。

做法

1 将吐司砖切出2片约
3厘米厚的厚片吐司。

2 将鸡蛋煮熟，剥
壳，对半切开。

3 将生菜洗净、沥干；
圆白菜、胡萝卜、黄瓜
洗净，分别切成细丝。

4 午餐肉切成1厘米厚
的片。

5 取一片吐司铺底，
抹上花生酱。

6 依次铺上生菜、午
餐肉、黄瓜丝、胡萝卜
丝、圆白菜丝。

7 最后放上煮鸡蛋，盖
上另一片吐司，用油纸
包裹好，对半切开即可。

卷出来的美味

咸蛋黄肉松寿司

🕐 15分钟　　🍴 简单

主料　寿司紫菜1张　|　米饭适量　|　咸蛋黄1个

辅料　肉松适量　|　黄瓜1/2根

💚 **烹饪秘籍**

选用流油的咸蛋黄，可以将
寿司饭拌成好看的金黄色，
如果用做蛋黄酥的那种单颗
咸蛋黄口感会比较干，也不
容易拌成金黄色。

做法

1　米饭趁热拌入1个咸蛋黄。

2　黄瓜切成手指粗细的长条
备用。

3　将紫菜铺在寿司帘上，然后
取适量咸蛋黄米饭均匀地铺在紫
菜上。

4　在靠近自己的一段摆上黄瓜
条和肉松，将寿司卷紧，切段
即可。

第三章

快手不发胖的
轻食晚餐

增肌拍档

蒜香吐司牛排沙拉

🕐 30分钟　　🍴 中等

主料 吐司2片 ｜ 牛排1块 ｜ 洋葱1个
芝麻菜100克

辅料 大蒜5瓣 ｜ 黄油40克 ｜ 盐适量
黑椒汁30毫升

💛 烹饪秘籍

1 如果没有这种即食牛排，也可以用牛肉，
　切成小块。搭配黑椒汁即可。
2 洋葱切起来很辣眼，可以将洋葱提前放入冰
　箱，会一定程度减轻切开时释放出的刺激气味。

做法

1 洋葱洗净，切成细
丝，加少许盐腌渍备用。

2 大蒜洗净后用刀拍
松，去皮后压成蒜泥，
加适量盐调匀。

3 黄油取一半量，用
微波炉中火加热10秒
钟，化开成液体，加入
蒜泥拌匀。

4 烤箱180℃预热后，
将黄油蒜泥涂抹在吐司
片上，放入烤箱上层烤
5分钟后关火，用余温
继续闷烤备用。

5 炒锅烧热后加入剩
余的黄油，放入牛排煎
至个人喜好的程度，盛
出稍微冷却后切成适口
的小块。

6 将牛排搭配的黑椒
汁放入锅中加热后关火
备用。

7 芝麻菜去根洗净，
切成小段。

8 将烤好的吐司切成
适口的小块，与洋葱
丝、芝麻菜、牛排块一
起放入沙拉碗，浇上熬
好的黑椒汁即可。

法棍黑椒鸡腿沙拉

🕐 30分钟　🍴 中等

主料 法棍100克 ｜ 去骨鸡腿肉200克
　　　青甜椒100克 ｜ 红甜椒100克

辅料 黑椒汁40毫升 ｜ 蛋黄酱40毫升
　　　橄榄油30毫升 ｜ 料酒2茶匙

❤ 烹饪秘籍

如果没有吐司机，可以将切好的法棍片放于烤网上，放入烤箱中层，以150℃左右的温度烘烤10分钟左右即可达到相同效果。

做法

1　鸡腿剔去骨头，切成2厘米见方的小块，加料酒和黑椒汁腌渍10分钟左右。

2　烤箱210℃预热，烤盘用锡纸包好，淋橄榄油，将鸡腿肉入中层烤15分钟，中途拿出烤盘翻面一次。

3　法棍斜切成厚0.8厘米的片，放入吐司机烤好。

4　甜椒去蒂、去子，洗净，用厨房纸巾吸去多余水分。

5　将洗好的甜椒掰成2厘米见方的小块。

6　取出烤好的黑椒鸡腿肉，和甜椒块一起放入沙拉碗。

7　法棍掰成适口小块，放入沙拉碗中，稍微拌匀。

8　点缀上蛋黄酱即可。

低热量拥有大能量

低脂鸡丝魔芋沙拉

🕐 45分钟　🍴 简单

主料　鸡胸肉200克　｜　魔芋丝200克
　　　　西蓝花1个　｜　胡萝卜1根

辅料　盐1/2茶匙　｜　黑胡椒碎10克
　　　　料酒2汤匙　｜　油醋汁4汤匙
　　　　橄榄油1汤匙

💗 **烹饪秘籍**

鸡胸肉煎制的时间不宜过
长，否则肉质发柴；也可以
用烤箱210℃烤15分钟，更容
易锁住鸡肉的水分。

做法

1　将鸡胸肉洗净，沥干水分放在碗中，再放入料酒、黑胡椒碎腌制10分钟。

2　煎锅中倒入橄榄油，烧至七成热，将鸡胸肉放入，小火煎熟，切成厚约1.5厘米的片。

3　胡萝卜去皮，洗净后切薄片；西蓝花洗净，切成小朵。

4　锅中倒入适量清水，放入盐，大火烧开后放入西蓝花汆烫，煮至水沸后捞出。

5　魔芋丝放入热水中汆烫2分钟，捞出后放凉。

6　将烫熟的西蓝花、魔芋丝与切好的鸡胸片、胡萝卜片混合，淋入油醋汁后即可食用。

照烧鸡腿肉蔬菜沙拉

🕐 20分钟　🍴 简单

主料 鸡腿2只 ｜ 圆生菜4～6片
圣女果8个 ｜ 彩椒1/2个

辅料 酱油4汤匙 ｜ 蜂蜜4茶匙
黑胡椒碎适量 ｜ 油醋汁4茶匙
白芝麻适量

❤ 烹饪秘籍

鸡腿1分钟去骨秘诀：沿着鸡
腿根部用剪刀剪一圈，再纵
向沿着骨头剪下即可。

做法

1　将鸡腿去骨，放入
酱油、蜂蜜和黑胡椒碎
腌一晚。

2　圆生菜洗净，控干
水分；圣女果对半切
开；彩椒切小块。

3　在烤盘上铺一层油
纸，放入腌好的鸡腿肉
和彩椒小块。

4　将烤箱提前预热至
180℃，放入鸡腿肉烤
15分钟。

5　将烤好的鸡腿肉
切块。

6　将生菜放入盘中，
摆上圣女果、彩椒和鸡
腿肉块。

7　淋上油醋汁，撒点
白芝麻即可。

看颜色就让人胃口大开

滑蛋紫薯配混合沙拉

🕐 20分钟　🔪 简单

主料　紫薯200克　｜　圣女果80克
　　　　红黄甜椒50克　｜　鸡蛋2个
　　　　圆生菜50克　｜　洋葱20克

辅料　油醋汁30毫升　｜　橄榄油少许

💙 烹饪秘籍

滑蛋的特点是鲜嫩，所以翻炒的时间不宜过长，待蛋汁凝固就可以装盘。

做法

1　紫薯洗净、去皮，切成4厘米左右的小块。

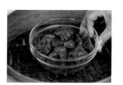

2　将紫薯放入蒸锅中，大火烧开后蒸15分钟，蒸熟后备用。

3　鸡蛋洗净，打入在碗中，用筷子快速打散，搅拌成蛋液。

4　不粘锅内刷薄油一层，烧至三成热，将蛋液均匀淋在锅中，转中火，待蛋液凝固，翻炒两下盛出。

5　圆生菜洗净，撕成适口小块；圣女果洗净，切成两半备用。

6　红黄甜椒洗净，切圈；洋葱洗净，切成洋葱圈。

7　将以上准备好的食材装盘，淋上油醋汁即可。

是秋冬的味道

肉桂烤南瓜溏心蛋沙拉

🕐 25分钟　🍴 简单

主料 贝贝南瓜1/2个 ｜ 鸡蛋1个
圣女果6~8个 ｜ 芦笋3根

辅料 黑胡椒碎适量 ｜ 肉桂粉1/2茶匙
油醋汁2茶匙

💗 烹饪秘籍

芦笋削皮后更鲜嫩，口感也更好。

做法

1　贝贝南瓜对半切开，去皮、去瓤，切厚片。

2　在烤盘里铺一层油纸，摆上南瓜厚片，撒黑胡椒碎和肉桂粉。放入提前预热至180℃的烤箱烤20分钟。

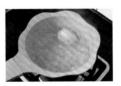

3　鸡蛋冷水下锅，水开后继续煮7分钟。

4　将煮好的鸡蛋过两遍凉水，剥壳，对半切开备用。

5　圣女果对半切开；芦笋削皮，斜切成段。

6　锅中烧开水，放入芦笋段，焯烫至断生即可捞出。

7　将烤好的南瓜放入碗中，摆上切好的鸡蛋、圣女果和芦笋段。

8　淋上油醋汁即可。

合理搭配，减脂增肌不受罪

金枪鱼吐司碗沙拉

 20分钟　　🍴 简单

主料　吐司2片　｜　水浸金枪鱼罐头100克
　　　　青椒50克　｜　红甜椒50克
　　　　胡萝卜50克

辅料　大蒜3瓣　｜　黄油10克
　　　　蛋黄沙拉酱20克　｜　盐少许

💗 **烹饪秘籍**

在处理吐司片时，切去四边
后可以再用擀面杖将吐司擀
得薄一点，这样的吐司会更
加容易做造型。

做法

1　大蒜洗净后用刀拍松，去皮，压成蒜泥，加少许盐调匀。

2　黄油用微波炉热化，与蒜泥拌匀；烤箱180℃预热。

3　将吐司片的四边切掉，在四边的中心点切口，切到距离中心一半的地方即可，注意不要切穿。

4　将切好的面包片放入耐高热玻璃碗中，呈花瓣式摆放。将黄油蒜泥抹在上面，烤箱上层烤5分钟，用余温闷烤。

5　金枪鱼罐头取出鱼肉，将鱼肉压碎，加入蛋黄沙拉酱搅拌均匀。

6　青椒、红甜椒洗净后沥干水分，切成细丝；胡萝卜洗净，切成细丝。

7　将青椒丝、红甜椒丝与胡萝卜丝一起放入金枪鱼沙拉泥中，搅拌均匀。

8　将吐司碗从烤箱中取出，把搅拌好的沙拉放在已经烤好的吐司碗中，即可食用。

高端不高冷，营养又美味

鸡蛋红薯藜麦沙拉

 30分钟　🍴 中等

主料 藜麦100克　｜　红薯200克
　　　鸡蛋2个　｜　圆生菜100克
　　　圣女果50克　｜　胡萝卜100克

辅料 酸奶沙拉酱50克　｜　橄榄油少许
　　　盐少许

💚 烹饪秘籍

煮藜麦时，一定要在水中加
入盐和橄榄油，这样煮出来
的藜麦口感会更加清爽，味
道更佳。

做法

1　烤箱180℃预热；红
薯洗净，去皮，滚刀切
成适口的红薯块。

2　烤盘铺好锡纸，倒
入红薯块，放入烤箱中
上层烤20分钟。

3　小锅中加入500毫升
水、几滴橄榄油和少许
盐，煮沸；藜麦放入沸
水中，小火煮15分钟。

4　将煮好的藜麦捞
出，沥干水分，放入沙
拉碗中备用。

5　胡萝卜洗净、去根，
切成薄片后再用蔬菜模
具切出花朵形状。

6　圆生菜洗净，去掉老
叶，沥干水分，撕成适口
的小块；圣女果洗净，
沥干水分，对半切开。

7　将鸡蛋放入水中煮
8分钟，关火后捞出，
过凉水，剥掉外壳，用
餐刀对半切开。

8　将红薯块、胡萝卜
片、生菜叶和圣女果块
放入装有藜麦的沙拉碗
中拌匀，将鸡蛋放在最
上面，淋上酸奶沙拉酱。

比春天更精彩

带子蝴蝶面沙拉

🕐 25分钟　　🍴 中等

主料　蝴蝶面100克　｜　圣女果10个
　　　　虾仁200克　｜　带子6个　｜　苦菊适量
　　　　彩椒1/2个　｜　黑橄榄少许

辅料　油醋汁适量　｜　盐1茶匙　｜　橄榄油适量
　　　　现磨黑胡椒少许

💚 烹饪秘籍

意面沙拉冷藏后风味更佳，
海鲜的肉质也会变得更紧。

做法

1　虾仁开背，与带子分别放入沸水中烫熟，然后捞出过凉水备用。

2　另取一锅，水中加入1茶匙盐和少许橄榄油煮沸，放入蝴蝶面煮熟后捞出沥干水分。

3　在蝴蝶面中加入1汤匙橄榄油，搅拌均匀，防止蝴蝶面粘在一起。

4　圣女果对半切开，彩椒切块，苦菊撕成小片，黑橄榄切成厚0.5厘米左右的小片。

5　将全部食材放入一个大碗中，加入油醋汁拌匀。

6　在碗上盖一层保鲜膜，入冰箱冷藏1小时以上。食用前取出，撒上少许现磨黑胡椒即可。

细皮嫩肉

煎三文鱼

 25分钟（不含腌制时间） 🍴 简单

主料 三文鱼2块 ｜ 柠檬1/2个

辅料 细盐1茶匙 ｜ 黄油20克
黑胡椒粉适量

❤ 烹饪秘籍

腌制三文鱼可利用晚上的时间，包裹一层保鲜膜，入冰箱冷藏即可。

做法

1　三文鱼洗净，用厨房纸巾擦干水分。

2　用细盐、黑胡椒粉腌制三文鱼2小时。

3　平底锅烧热，放入黄油化开。

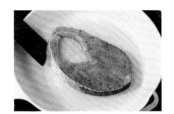

4　下三文鱼，中小火慢煎。

5　两面煎至金黄后，挤入柠檬汁即可。

又香又健康

番茄黑椒煎鸡胸

🕐 30分钟　　🍴 简单

主料　鸡胸肉200克　｜　中等番茄1个
　　　　洋葱1个

辅料　黑胡椒粉2茶匙　｜　盐1茶匙
　　　　橄榄油2汤匙

💙 烹饪秘籍

在番茄表皮上划几道刀口，放入滚水中烫1分钟
至番茄皮裂开，这样更容易去皮。

做法

1　番茄洗净，去皮，切成小丁；
洋葱去皮，切碎。

2　鸡胸肉去皮，加入盐和黑胡
椒粉，腌制10分钟。

3　锅中倒橄榄油烧热，将鸡胸
肉放入，两面煎至金黄。

4　撒盐和黑胡椒粉调味后，盛
出装盘。

5　锅中再倒入少许橄榄油烧
热，放入洋葱丁爆香。

6　放入番茄丁，炒至番茄丁略
出汁后，加少许盐调味，盛出淋
在鸡胸肉上即可。

地中海风情

意大利蔬菜煎蛋

🕐 25分钟　🍴 简单

主料　鸡蛋5个　｜　口蘑4个　｜　香菇4个
　　　　圣女果6个　｜　洋葱1/4个
　　　　菠菜2棵

辅料　橄榄油1汤匙　｜　奶酪粉20克
　　　　海盐1茶匙　｜　黑胡椒粉少许

💚 烹饪秘籍

1 炒蔬菜时全程保持中小火，以防焦煳。
2 无须待蛋液完全凝固再起锅，起锅后蛋液会在余温中继续凝固。

做法

1　将蔬菜、菌菇洗净，口蘑、香菇切薄片，洋葱切碎，圣女果对半切开，菠菜切段，鸡蛋打入碗中，加海盐和黑胡椒粉搅匀。

2　平底锅烧至四成热，倒入橄榄油，加入除菠菜外的其他蔬菜和菌菇，中小火翻炒至食材变软。

3　加入菠菜，继续翻炒20秒。

4　倒入蛋液搅拌，转小火，使蛋液逐渐凝固，撒入奶酪粉。

溏心蛋芦笋蚕豆泥

🕐 35分钟　　🍳 简单

主料　口蘑80克　｜　牛油果150克　｜　芦笋80克
　　　　剥皮蚕豆40克　｜　鸡蛋1个

辅料　盐2克　｜　油少许

💙 **烹饪秘籍**

牛油果口感绵密、香甜丝滑，与清香的豌豆非常搭配。如果喜欢口感偏甜一些，可以适当加入蜂蜜调味。

做法

1　口蘑洗净，去除柄，用厨房纸吸干水分，备用。

2　芦笋洗净，去除老根，斜切成约10厘米长的段，放入沸水中氽烫至变色，捞出，沥干水备用。

3　不粘锅内刷薄油一层，中火烧热，放入口蘑煎至软熟，撒上少许盐，盛出装盘。

4　另起一锅，不粘锅内刷薄油一层，把氽烫好的芦笋小火煎到双面微焦黄，撒上少许盐，盛出装盘。

5　蚕豆洗净，放入煮锅中，加入没过蚕豆的凉水，大火煮20分钟左右，煮熟后捞出放凉，放入碗中。

6　牛油果洗净、切半，去皮、去核，切成小块，放入碗中，与蚕豆一起用压泥器压成泥，盛出装盘。

7　鸡蛋洗净，冷水放入锅内，待水开后煮5分钟，盛出过一遍凉水，剥皮，切成两半，摆盘即可。

玩转西蓝花

烤坚果西蓝花

🕐 25分钟　　🍴 简单

主料 西蓝花400克　｜　混合坚果1包
　　　 红黄甜椒40克

辅料 橄榄油2汤匙　｜　盐1克
　　　 黑胡椒粉少许

💚 烹饪秘籍

西蓝花先在淡盐水中浸泡一会儿,这样可以更有效地去除西蓝花中的脏东西和小虫。

做法

1　烤箱提前230℃预热。

2　西蓝花洗净,切成小块。

3　红黄甜椒洗净,切成细丝。

4　将西蓝花放入烤盘内,放入红黄甜椒,刷一层橄榄油,撒上一层薄盐,烤15分钟取出。

5　在烤制好的食材上撒上混合坚果,装盘,撒上少许黑胡椒粉即可。

丰收的菜园
五彩蒸杂蔬

🕐 30分钟　🍴 简单

主料　白菜2片　｜　嫩玉米1根　｜　鲜香菇4朵
　　　　胡萝卜1根　｜　紫薯2个　｜　芋艿6个
　　　　西蓝花100克

辅料　薄盐生抽1汤匙

💗 **烹饪秘籍**

紫薯和芋艿可选取个头较小
的，不必切块，保持原状颜
值更高。

做法

1　所有食材洗净，白菜只取菜帮部分，切成方形大片，香菇去蒂，切薄片。

2　胡萝卜切圆片，西蓝花掰成小朵，玉米棒切段。

3　将所有食材装入竹制笼屉中，注意留出空隙，不要堆叠太高。

4　放入蒸锅，大火蒸18～20分钟，直到紫薯和芋艿能用筷子轻松戳入，起锅蘸薄盐生抽食用。

烫出来的好滋味
番茄麻辣烫

 30分钟（不含浸泡时间）　　🍴 简单

主料 番茄1个 ｜ 鹌鹑蛋6颗 ｜ 鲜香菇2朵
生菜叶60克 ｜ 腐竹20克
娃娃菜100克 ｜ 迷你油条4根

辅料 油1汤匙 ｜ 盐1茶匙 ｜ 番茄酱20克
芝麻酱20克 ｜ 蚝油2茶匙
生抽2茶匙 ｜ 蒜末10克 ｜ 香葱1根

💗 烹饪秘籍

1 鹌鹑蛋在煮好之后，放到
冷水中浸泡10分钟左右，
会比较容易剥壳。

2 如果喜欢吃肉，可以加点
肥牛，味道会更加鲜美。

做法

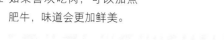

1　番茄洗净后去皮，
切成小丁；鲜香菇洗净
后去蒂，切成薄片；生
菜叶和娃娃菜洗净后控
干水；香葱洗净后切成
葱花。

2　腐竹提前用温水浸
泡涨发，切成长4厘米
左右的斜段。

3　鹌鹑蛋小心洗净，
备一锅冷水，放入鹌
鹑蛋煮沸，水开后煮
三四分钟，捞出，在冷
水中浸泡10分钟左右。

4　将浸泡好的鹌鹑蛋
剥壳并清洗干净，控干
水分。

5　汤锅中放入油，烧
至七成热后放入蒜末和
番茄，煸炒至番茄软烂。

6　倒入适量清水，加入
盐、番茄酱、芝麻酱、
蚝油、生抽调味，大火
煮开。

7　放入香菇、腐竹、
娃娃菜煮熟。

8　放入鹌鹑蛋、迷你
油条、生菜叶，再次煮
开后关火，撒上葱花
即可。

自制麻辣拌

🕐 25分钟　🍴 简单

主料 莲藕80克 ｜ 鱼丸6颗 ｜ 鱼豆腐6颗
蟹柳4根 ｜ 金针菇100克
龙口粉丝50克 ｜ 宽粉30克

辅料 油1汤匙 ｜ 盐1茶匙 ｜ 芝麻酱20克
凉拌醋2茶匙 ｜ 蚝油2茶匙
白糖2茶匙 ｜ 花椒油2茶匙
辣椒粉2茶匙 ｜ 熟白芝麻5克
大蒜15克 ｜ 香葱1根 ｜ 香菜1棵

做法

1 莲藕洗净、去皮后切薄片；金针菇切掉根部，撕开并洗净，控干；大蒜切成蒜末；香葱切成葱花；香菜切段。

2 将蒜末、熟白芝麻、辣椒粉、一半葱花放在小碗中，将油烧热后淋入，混合均匀。

3 加入盐、芝麻酱、蚝油、凉拌醋、白糖、花椒油，混合均匀。

4 锅中加入清水，煮至沸腾后，分别放入鱼丸、鱼豆腐、蟹柳，煮至八成熟。

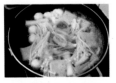

5 放入藕片、金针菇、龙口粉丝和宽粉煮熟。

6 将煮好的食材放入大碗中，加入料汁拌匀，撒上香菜和剩余葱花即可。

♥ 烹饪秘籍

1 莲藕接触空气容易氧化变黑，可以将切好的莲藕放入清水中清洗几遍，去掉多余的淀粉，然后浸泡到清水中，隔绝空气防止氧化。

2 麻辣拌的食材并不固定，可以根据自己的喜好增减。

就是这个味儿
韩式大酱汤

🕐 20分钟　　🍴 简单

主料 花蛤50克 ｜ 豆腐50克 ｜ 西葫芦50克
豆芽30克

辅料 韩式大酱1汤匙 ｜ 生抽1茶匙
香油少许

💚 烹饪秘籍

在浸泡花蛤的水中滴几滴香
油，可以让花蛤更容易吐净
沙子。

做法

1　花蛤洗净，放入清
水中，滴几滴香油，浸
泡20分钟。

2　将豆腐和西葫芦切
成2厘米左右见方的块。

3　豆芽择洗干净。

4　锅中烧开水，放入
花蛤煮1分钟。

5　将煮好的花蛤用清
水冲洗干净。

6　砂锅烧开水，放入韩
式大酱和生抽搅拌均匀。

7　放入豆腐、西葫芦
和豆芽，小火煮10分钟。

8　锅再次烧开后，放
入花蛤再煮1分钟即可。

便利店情怀

关东煮

🕐 20分钟　　🍴 简单

 木鱼花20克
干海带10克
萝卜1/3根
魔芋结6~8个
香菇6个
肉丸适量

 日本清酒200毫升
酱油2汤匙
味醂1汤匙

做法

1　萝卜削皮，切大块，放入锅中煮30分钟左右。

2　魔芋结和香菇放入沸水中，煮1分钟捞出。

3　另取一锅，倒入400毫升清水煮开，立即关火。放入木鱼花，静置5分钟。

4　将木鱼花过滤出去，只保留高汤。

5　干净的锅中倒入味醂和日本清酒，煮2分钟。

6　加入海带、1000毫升水、木鱼花高汤和酱油，小火加热。将准备好的关东煮食材放入锅中煮15分钟。

7　冷却至常温，浸泡入味即可食用。

💗 烹饪秘籍

制作的关东煮汤底要保持干净清澈，应小火慢煮，不能煮沸。

咕嘟咕嘟的幸福

寿喜烧

🕐 20分钟　🍴 简单

主料 肥牛200克
香菇4个
茼蒿100克
魔芋结100克
豆腐100克

辅料 酱油1汤匙
味醂1汤匙
白砂糖2茶匙
盐少许
黄油10克

做法

1　魔芋结涂抹少量盐搓匀，用清水冲洗干净备用。
2　茼蒿洗净、切段；豆腐切块；香菇去蒂，表面划十字花刀。
3　将酱油、味醂、白砂糖搅拌成酱汁备用。
4　锅烧热放黄油，放入牛肉，小火先煎一下。
5　将酱汁倒入，加入等量清水煮开。
6　再放入豆腐、魔芋结和香菇煮开。
7　转小火，放入茼蒿，再次煮开即可出锅。

💗 烹饪秘籍

牛肉先煎后煮是为了保证牛肉的口感，令肉的鲜味不会
流失。

菌菇魔芋锅

 30分钟 ✏️ 简单

主料 鲜香菇2朵 | 蟹味菇80克
千叶豆腐100克 | 娃娃菜100克
肥牛卷80克 | 魔芋结200克

辅料 豆瓣酱50克 | 蚝油1茶匙
生抽2茶匙 | 绵白糖1茶匙
蒜末10克 | 香葱1根

💚 烹饪秘籍

1 魔芋结要提前在清水中浸泡或者多清洗几遍，以去除其中的碱水味。

2 肥牛卷要最后放入，以免煮太久而口感变老。

做法

1 鲜香菇洗净后去蒂，用小刀在表面刻出星状花纹。

2 蟹味菇、娃娃菜洗净后控干水，切成4厘米左右的小段；魔芋结用清水清洗几遍去除碱水味。

3 香葱洗净后切成葱花。

4 将豆瓣酱、蒜末、蚝油、生抽、绵白糖在小碗中调成酱汁。

5 将娃娃菜在汤锅底部铺满，再铺上千叶豆腐。

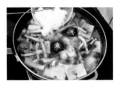

6 放入蟹味菇和香菇，倒入酱汁，加入没过食材的清水。

7 大火煮开后转小火，待食材八成熟时放入魔芋结，煮熟。

8 最后放入肥牛卷烫熟，撒上葱花即可关火。

酸酸辣辣下饭菜

酸汤牛肉锅

 30分钟   简单

主料 牛腩肉150克 ｜ 韩国泡菜200克
　　　金针菇200克

辅料 小米辣3个 ｜ 盐1/2茶匙
　　　橄榄油1汤匙 ｜ 葱花少许

💗 烹饪秘籍

可根据自己的喜好适量增减泡菜的用量。

做法

1 牛肉切薄片，金针菇择洗净。

2 泡菜切块，小米辣切成小圈。

3 锅内倒入少许橄榄油烧热，加入小米辣爆香。

4 放入泡菜翻炒1分钟，注入2倍于食材的清水烧开，转中火。

5 放入金针菇、牛肉、盐，中火焖煮5分钟。

6 撒上葱花即可。

墨西哥味道

牛肉塔可

🕐 20分钟　　🍴 简单

主料 墨西哥U形玉米脆饼3张　｜　番茄180克
牛肉150克　｜　红黄甜椒80克
叶生菜2片　｜　洋葱40克

辅料 小米椒2个　｜　牛油果蒜香酱20克
橄榄油1汤匙　｜　盐2克　｜　料酒1茶匙
黑胡椒粉少许

💛 **烹饪秘籍**

如果时间充裕，牛肉可以多腌制一会儿，这样比较入味。

做法

1　小米椒洗净，切圈备用。

2　牛肉洗净，切成厚1厘米左右的肉片，倒入料酒、小米椒、盐、黑胡椒粉腌制30分钟。

3　红黄甜椒洗净，切成细丝，备用；番茄洗净，切成薄片备用。

4　洋葱洗净，切成细丝备用；叶生菜洗净，备用。

5　炒锅加热，倒入橄榄油，放入腌制好的牛肉，小火煎熟。

6　取一张墨西哥饼皮，将叶生菜、番茄、红黄甜椒、洋葱、牛肉依次放入饼中。将剩下饼皮按照此方法制作完成。

7　最后在饼上分别涂抹上牛油果蒜香酱即可。

菠菜全麦燕麦饼

 25分钟　　🥄 中等

主料 菠菜5棵 ｜ 全麦面粉30克
　　　 鸡蛋2个 ｜ 燕麦片40克

辅料 盐少许

❤ 烹饪秘籍

趁热将饼从烤箱中取出，包在一个干净的玻璃杯上，稍微固定饼的两端，待饼变得温热时自然就能定形了。

做法

1　菠菜洗净切去根部，放入开水中焯烫。

2　待菠菜冷却，挤去多余的水分后切碎备用。

3　碗中放菠菜碎、蛋液、全麦面粉、燕麦片和盐，拌匀成浓稠的糊状。

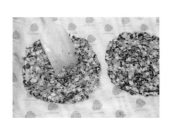

4　烤盘上铺一张油纸，取适量面糊抹平成直径约15厘米的圆饼。

5　将烤盘放入烤箱中，180℃烘烤约10分钟。

6　趁热取出烤好的饼，将其弯成U形，夹上各种食材即可。

低卡吃不胖

时蔬鸡肉饼

🕐 20分钟　　🍴 简单

主料 鸡胸肉250克　｜　西蓝花50克
胡萝卜50克　｜　玉米粒50克

辅料 生抽1茶匙　｜　蚝油1茶匙　｜　料酒2茶匙
淀粉1汤匙　｜　盐2克　｜　白胡椒粉1克
姜3克　｜　油1汤匙

💗 烹饪秘籍

1 清洗西蓝花前，可以先放
入淡盐水中浸泡10分钟，
这样能有效去除花冠中的
虫卵。

2 尽量取西蓝花的花球部
分，去除较硬的茎部，这
样口感更好。

做法

1　鸡胸肉洗净后沥干水分，切
成小块；姜去皮，洗净后切小丁。

2　将切好的鸡胸肉块和姜丁放
入破壁机中，打成均匀的肉泥。

3　将西蓝花和胡萝卜分别洗
净，切成碎末。

4　取出打好的鸡肉泥，加入除
植物油外的所有调料，再放入西
蓝花碎、胡萝卜碎和玉米粒，用
手抓匀。

5　用手抓取拌匀的鸡肉泥，
在手掌中团成圆球，再按压成
肉饼。

6　平底锅中倒油，烧至五成
热，将压好的肉饼放入锅中，用
小火煎至两面金黄即可。

零难度的一餐
蔬菜三明治

🕐 10分钟　　🍴 简单

主料　生菜6片　｜　鸡蛋2个　｜　番茄1个

辅料　橄榄油少许　｜　三文鱼松适量

💜 烹饪秘籍

如果担心巾面上售卖的三文鱼松添加剂太多，可以自己买新鲜的三文鱼米制作。用柠檬片腌15分钟，放入锅中煮熟后捞出，将三文鱼肉放入研磨机打散，最后放入不粘锅炒干，便得到了健康无添加的三文鱼松。

做法

1　生菜叶洗净，充分沥干，备用。

2　平底锅倒入少许橄榄油，将鸡蛋煎熟。

3　番茄洗净，横着切成薄片。

4　在桌面铺上保鲜膜，然后在保鲜膜中央放上两片生菜，用手稍稍压平。

5　将番茄片和煎蛋摆上，撒上适量三文鱼松。

6　在最上方盖一片生菜叶，然后将保鲜膜包裹紧实。用同样方法制作好另一个三明治。

低碳水，低热量

菜花无米蛋炒饭

 20分钟　　🍴 简单

主料 菜花1个　|　玉米粒少许　|　洋葱1/2个
荷兰黄瓜1根　|　胡萝卜1/2个
鸡蛋1个

辅料 小米椒1个　|　盐适量
现磨黑胡椒适量　|　橄榄油2汤匙

💗 **烹饪秘籍**

这道菜没有什么难度，只要
把普通蛋炒饭中的米饭换成
菜花就可以了。如果觉得将
菜花一点点切碎很麻烦，可

以试着用家中的料理机或婴儿辅食机打碎，会更
方便。

做法

1　荷兰黄瓜、胡萝卜和洋葱洗
净，切成1厘米见方的小丁，小
米椒切碎。

2　用刀耐心地将菜花顶端的颗
粒一点点切下来，菜花梗弃掉
不用。

3　不粘锅烧热，淋入1汤匙橄榄
油，磕入鸡蛋，炒碎、炒香。

4　将鸡蛋盛出，再次淋入1汤匙
橄榄油，将洋葱和小米椒炒出
香气。

5　荷兰黄瓜、胡萝卜和玉米粒
也下入锅中翻炒几分钟。

6　下入菜花碎和鸡蛋碎，继续
翻炒约2分钟，根据个人口味调
入盐和现磨黑胡椒，拌匀即可。

消夏必备

魔芋朝鲜冷面

🕐 15分钟　🍴 简单

主料 魔芋面300克　|　卤牛肉1块　|　黄瓜1根
雪梨1个　|　番茄1个　|　煮鸡蛋1个
辣白菜适量

辅料 白芝麻少许　|　生抽2汤匙
米醋4汤匙　|　无糖雪碧少许
盐适量　|　牛肉高汤适量

💚 烹饪秘籍

魔芋面千万不能煮得太软，
稍微烫一烫就可以捞出来。
也可以在冷水中加入冰块，
这样可以使魔芋面更筋道。

做法

1　番茄、黄瓜、雪梨洗净，将番茄切成薄片，黄瓜和雪梨切成细丝。

2　牛肉切成薄片，煮熟的鸡蛋对半切开备用。

3　取一个大碗，放入生抽、米醋、盐和雪碧，搅拌至盐完全化开。

4　在碗中加入适量牛肉高汤调成汤底，盖上保鲜膜后放入冰箱冷藏。

5　汤锅中加入清水，水沸后下入魔芋面煮至水再次沸腾。

6　将魔芋面捞出沥干，放入冷水盆中冷却。

7　将汤碗从冰箱中取出，待魔芋面冷却后沥干，即可放入汤碗中。

8　在碗中依次放上番茄片、黄瓜丝、雪梨丝、牛肉片和辣白菜，最后在中间放上鸡蛋、撒入芝麻，就可以食用了。

香浓开胃

番茄鱼豆腐砂锅面

🕐 30分钟　🥄 简单

主料 番茄2个 ｜ 鱼豆腐300克
金针菇100克 ｜ 宽面条300克

辅料 油2汤匙 ｜ 盐4克 ｜ 番茄酱40克
蚝油2茶匙 ｜ 生抽2茶匙 ｜ 大蒜20克
香葱2根

做法

1　番茄洗净、去皮，切成1厘米左右的丁；将金针菇根部切掉，撕开并洗净；香葱洗净后，将葱白切成段，将葱叶切成葱花；大蒜洗净后切成蒜末。

2　砂锅中放入油，烧至七成热后放入葱白段和蒜末爆炒至出香味。

3　将番茄放入，煸炒至变软后加入番茄酱炒匀。

4　加入盐、生抽、蚝油调味，倒入适量清水烧开。

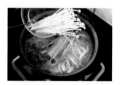

5　将面条、金针菇和鱼豆腐放入锅中煮熟。

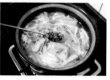

6　出锅前撒上葱花即可关火。

💚 烹饪秘籍

1 喜欢吃辣，在煸炒好番茄之后，再加2茶匙辣椒油，味道也是很棒的。

2 同样容量的砂锅最好选择深一些的来煮面，这样不容易溢锅，而且也不容易使面条粘在锅底而导致煳底。

西北美食
农家烩荞面

🕐 20分钟　　🍴 简单

主料 荞麦面300克 ｜ 番茄2个 ｜ 杏鲍菇1根
香芹1根

辅料 香葱1根 ｜ 盐1/2茶匙 ｜ 鸡精1/2茶匙
生抽1汤匙 ｜ 油适量

💗 烹饪秘籍

番茄应挑选质地较软的，更
容易炒出汤汁，可以添加少
许番茄酱，味道更佳。

做法

1　番茄、杏鲍菇分别
洗净、切丁；香葱洗
净、切末；香芹洗净后
去掉茎上的叶子，切丁
备用。

2　锅中放入适量清水
煮沸，将荞麦面放入水
中煮熟后捞出。

3　将煮熟的荞麦面
反复过凉水，沥干后
备用。

4　不粘锅中倒入底
油，烧至七成热，爆香
香葱末。

5　放入番茄丁，中火
翻炒至番茄的汁水充分
渗出。

6　将杏鲍菇丁、芹菜丁
倒入，反复煸炒2分钟。

7　倒入沥干的荞麦面，
反复翻炒，尽量使每根
面条都裹匀番茄的汁水。

8　最后调入盐、鸡
精、生抽，炒匀即可。

夏日一碗面

凉拌鸡丝荞麦面

 20分钟　　🍴 简单

主料　鸡胸肉200克　｜　荞麦挂面300克
　　　　黄瓜1根

辅料　大葱1根　｜　生抽5汤匙　｜　油3汤匙
　　　　姜3片

💗 烹饪秘籍

可以多放入一些蔬菜和鸡肉，主食少一点，便是完美的一餐。

做法

1　鸡胸肉洗净，放入锅中，加适量清水、姜片，中火煮熟，捞出备用。

2　将煮好的鸡胸肉放凉后，按照鸡肉的纹理撕成细丝。

3　黄瓜洗净，切成丝；大葱的中后段（带点绿色的部分）切成葱丝。

4　水烧开后，放入荞面挂面煮熟，捞出过凉水，沥水备用。

5　将荞麦面和鸡胸肉放入容器内拌匀。

6　加入黄瓜丝和生抽拌匀。

7　锅内加入油，开中火，待油微热时放入葱丝，炸成葱油。

8　将葱油淋入拌好的面中即可。

真真假假水波蛋意面

水波蛋西葫芦意面

 15分钟　　🍴 中等

主料 西葫芦2根　|　鸡蛋2个　|　熟虾仁50克

辅料 白醋1汤匙　|　油醋汁2汤匙

💙 **烹饪秘籍**

1 西餐用的西葫芦较细，非常适合做这种"意面,"常见的有黄色和深绿色两种，可以单独或混合使用。

2 虾仁可煮可煎，煮的热量较低，煎的口味较好。

做法

1　将西葫芦刨成螺旋状的条（弃瓤），放入冰水中恢复清脆口感，控干水分。

2　将鸡蛋打入小碗中。

3　用一口较深的小锅烧一锅水，烧开后加入白醋。

4　关火，用筷子在沸水中间搅出一个漩涡，将装鸡蛋的小碗贴着水面，把鸡蛋倒入漩涡处。

5　将鸡蛋静置在水中3分钟，使其定形。开小火，煮约1分半钟，使蛋白凝固。

6　将西葫芦丝放入碗中，撒上熟虾仁，摆上水波蛋，淋上油醋汁即可。

金灿灿，很温暖

酸汤肥牛土豆粉

🕐 30分钟　　🍴 中等

主料 肥牛150克　｜　金针菇60克
土豆粉300克

辅料 油2茶匙　｜　盐1/2茶匙
黄灯笼辣椒酱50克　｜　杭椒1个
小米椒1个　｜　蒜末10克　｜　生姜10克
料酒2茶匙　｜　陈醋2茶匙
白胡椒粉2克

💗 烹饪秘籍

1 黄灯笼辣椒酱是汤汁的关键，不要随意替换。
2 如果家里有高汤，可用来代替清水，味道会更加鲜美。

做法

1　将金针菇根部切掉后撕开，洗净；生姜洗净，去皮后切成片；杭椒和小米椒洗净后切成圈。

2　锅中备适量冷水，放入肥牛，大火煮开，撇去表面的浮沫，将肥牛捞出，控干水。

3　砂锅中加入油，大火烧至七成热后放入姜片、蒜末爆炒出香味。

4　放入黄灯笼辣椒酱煸炒出香味，加入适量清水和盐、料酒、陈醋、白胡椒粉煮开。

5　放入金针菇和土豆粉煮至熟透。

6　放入焯好的肥牛煮约半分钟，最后加入杭椒和小米椒即可关火。

能量满格

牛油果鲜虾
波奇饭

🕐 20分钟　　🍴 简单

主料 杂粮饭1碗 | 虾仁适量 | 蟹柳棒2根
　　　 鸡蛋2个 | 牛油果1个 | 西蓝花适量
　　　 熟玉米粒适量 | 圣女果6个 | 泡菜适量

辅料 油醋汁4茶匙 | 油适量
　　　 黑胡椒碎、海盐各少许

💗 烹饪秘籍

水开后鸡蛋煮8分钟，取出后
是流心的溏心蛋，煮溏心蛋
最好选用可生食鸡蛋。若喜
欢全熟的，可延长煮制时间。

做法

1　热锅冷油，放入虾仁煎熟，
用黑胡椒碎和海盐调味。

2　西蓝花洗净，焯水备用。

3　鸡蛋冷水下锅，水开后煮
8分钟，过凉水，鸡蛋剥壳，对
半切开。

4　将蟹柳棒撕成细条，圣女果
对半切开，牛油果切片。

5　碗底放杂粮饭，摆上虾仁、蟹
柳棒细条、水煮蛋、牛油果、玉
米粒、圣女果、西蓝花和泡菜。

6　淋上油醋汁即可。

吃得饱很重要

低脂烤燕麦饭

🕐 35分钟　　🍴 简单

主料 燕麦片80克　｜　牛奶1杯　｜　鸡蛋2个
香蕉2根

辅料 坚果碎少许

💗 烹饪秘籍

烤燕麦饭可以根据手边现有的食材随意搭配，想吃甜的就放些水果或南瓜，想吃咸的可以放上培根和芝士，随意搭配的食材可能会有意想不到的效果。

做法

1　香蕉剥去外皮，取一小段切成0.5厘米厚的圆片。

2　将剩余的香蕉放入碗中，压成香蕉泥。

3　把燕麦片、鸡蛋和牛奶也放入碗中，充分搅拌均匀。

4　将燕麦片糊倒入烤盅里，摆上香蕉片作为装饰。

5　烤箱预热至180℃，放入烤盅烤约20分钟。

6　取出烤好的燕麦饭，撒上少许坚果碎即可。

第四章

尽享慵懒的
周末早午餐

奥尔良鸡丁焗饭

 40分钟　🥄 中等

主料　鸡胸肉80克　｜　马苏里拉奶酪50克
　　　　青甜椒40克　｜　红甜椒40克
　　　　紫洋葱40克　｜　米饭250克

辅料　油1汤匙　｜　盐2克　｜　奥尔良调料2茶匙
　　　　料酒2茶匙　｜　蒜末10克　｜　姜丝10克

💗 **烹饪秘籍**

除了在烤箱中烘烤，这款焗饭也可以在微波炉中制作，要注意的是，进入微波炉不要选择金属容器或者有金属边的容器，否则会引发危险。

做法

1 鸡胸肉洗净后切成丁；红甜椒和青甜椒洗净后，去掉内部的子，切成小丁；紫洋葱洗净后切成丁。

2 将鸡肉丁放入碗中，加入料酒、姜丝、奥尔良调料腌制约20分钟。

3 炒锅中放油，烧至七成热后放入蒜末和紫洋葱丁，煸炒至出香味。

4 放入腌制好的鸡肉丁，煸炒至颜色发白。

5 加入红甜椒丁、青甜椒丁煸炒片刻。

6 放入打散的米饭，加入盐调味，煸炒至米粒颗粒分明。

7 将米饭盛在焗碗中，将奶酪铺在米饭表面。

8 烤箱设置190℃，选择上下火，将焗碗放在中层，烘烤10分钟左右。

经典的美味

香菇鸡腿炒饭

 35分钟　　中等

主料　鸡腿肉100克　｜　鲜香菇3朵
　　　　胡萝卜50克　｜　油菜60克　｜　米饭300克

辅料　油1汤匙　｜　盐2克　｜　料酒2茶匙
　　　　生抽2茶匙　｜　蚝油1茶匙　｜　蒜末10克
　　　　姜丝10克　｜　香葱1根

 烹饪秘籍

1　新鲜的鸡腿肉比较适合炒
　　饭。尽量不要购买冷冻的
　　鸡腿肉，因为解冻后会失
　　去部分水分，口感比较柴。
2　如果没有时间腌制鸡肉丁，也可以稍微多放一
　　点汤汁炖煮片刻，这样也会比较入味。

做法

1　鸡胸肉切丁；鲜香菇
去蒂，切丁；胡萝卜去皮
后切丁；油菜去根，将
叶子切丁；香葱将葱白
切小段，葱叶切成葱花。

2　将鸡肉丁放入碗
中，加入料酒、姜丝腌
制约20分钟。

3　将蚝油、生抽放入
碗中，加入少量清水调
成汁。

4　锅中加入清水，煮
至沸腾后将鲜香菇丁和
油菜丁放入，焯熟后过
凉开水，捞出控干水分。

5　炒锅中放油，烧至
七成热后放入葱白段和
蒜末，煸炒至出香味。

6　放入腌制好的鸡肉
丁和胡萝卜丁，将调好
的酱汁倒入，小火炒至
汤汁基本收干。

7　放入打散的米饭、
鲜香菇丁和油菜丁，煸
炒至米粒颗粒分明。

8　最后加入盐和葱花，
翻炒均匀后即可关火。

不将就的一餐
照烧鸡排蛋包饭

 60分钟　 复杂

主料 米饭2人份　｜　鸡腿肉200克　｜　鸡蛋3个

辅料 味醂2茶匙　｜　生抽1汤匙　｜　白砂糖10克　｜　清酒1汤匙　｜　黑胡椒碎3克　｜　盐5克
洋葱碎10克　｜　胡萝卜丁10克　｜　橄榄油25毫升

做法

1　将生抽、白砂糖、清酒、味醂混合，制成照烧汁，平均分成两份。

2　用刀在鸡腿肉表面划几刀，用其中一份照烧汁腌制20分钟。

3　烤盘底部铺上锡纸，将鸡排铺在锡纸上，用锡纸包住鸡肉。

4　烤箱200℃预热，将烤盘送进烤箱，烤15分钟。

5　将锡纸打开，鸡排翻面，撒上黑胡椒碎，继续烤5分钟，鸡排就准备好了。

6　取一口小锅，慢慢加热另一份照烧汁，直至变得浓稠，淋到烤好的鸡排上。

7　平底锅倒入10毫升橄榄油，把洋葱碎、胡萝卜丁炒香。

8　倒入米饭，撒盐，炒至金黄色后盛出。

9　平底锅中火加热，倒入剩余橄榄油，将鸡蛋打散后倒入平底锅。

10　慢慢转动平底锅，铺成一张圆形的蛋饼，等蛋饼未完全凝结时，在蛋饼一半的面积内倒入米饭。

11　小心地将另一半蛋皮翻过来包裹住米饭，加热一会儿，蛋包饭就完成了。

♥ 烹饪秘籍

如果怕弄破蛋皮，可以在蛋液中加入少量水淀粉。

懒人的福音
腊肉香菇藜麦饭

🕐 40分钟　　🍴 简单

主料 腊肉100克 ｜ 鲜香菇4朵
　　　青豌豆30克 ｜ 胡萝卜30克
　　　白藜麦50克 ｜ 大米150克

辅料 油2茶匙 ｜ 盐1茶匙 ｜ 生抽2茶匙
　　　香葱1根

❤ 烹饪秘籍

1 藜麦表面有一层水溶性的皂
苷，吃起来会有点发苦，如
果购买的不是已经去皂苷的
藜麦，需要提前浸泡一段时
间来保证藜麦食用的安全性。

2 根据种子不同的颜色，藜麦有白藜麦和三色藜
麦之分，可以根据自己的喜好选择。

做法

1 鲜香菇洗净、去蒂，
切成丁；青豌豆洗净后
捞出，控干水；胡萝卜
洗净、去皮，切成丁；
香葱洗净后切成葱花。

2 锅中加入清水煮
开，放入腊肉煮约20分
钟至熟透，捞出放凉后
切成丁。

3 炒锅中放油，烧至
七成热后放入腊肉，小
火煎出油脂。

4 放入胡萝卜、鲜香
菇、青豌豆翻炒均匀。

5 加入盐、生抽调味，
加入适量清水煮开。

6 将淘洗好的大米、
白藜麦放入电饭煲中。

7 将炒好的食材连同
汤汁倒入电饭煲中，选
择煮饭功能。

8 煮好的饭盛出后撒
上葱花即可。

香浓好味，大口吃肉
豉汁小排煲仔饭

🕐 50分钟　　🍴 复杂

主料 猪肋排150克 ｜ 胡萝卜100克
大米150克

辅料 油2汤匙 ｜ 豆豉30克 ｜ 山楂干15克
料酒2茶匙 ｜ 生抽2茶匙 ｜ 蚝油2茶匙
绵白糖1茶匙 ｜ 八角2个 ｜ 桂皮1块
姜片15克 ｜ 香葱1根

💚 烹饪秘籍

1 豆豉为煲仔饭增添了浓郁的
酱色，就不要再加入老抽了。

2 如果时间充裕，可以将猪肋
排放入大碗中，加入料酒、
老抽、葱白段、生姜片腌制
20分钟，以充分入味。

做法

1 猪肋排剁成小段；
胡萝卜去皮后切成小块；
香葱切成葱花；将生
抽、蚝油、绵白糖加适
量清水，拌匀成料汁。

2 大米洗净后放入容
器中，按照1:1.5的比例
加水，浸泡约30分钟。

3 准备一锅凉水，将
猪肋排、料酒、姜片放
入，大火煮开后将表面
的浮沫撇去，捞出猪肋
排并清洗干净。

4 炒锅中放1汤匙油，
烧至七成热后放入豆
豉、八角、桂皮煸炒至
出香味。

5 放入猪肋排煸炒至
表面微焦，放入胡萝卜
块、山楂干和适量清
水，炖煮约20分钟。

6 将砂锅刷一层油，
将大米和水放入砂锅
中，大火烧开后转小火
煮约15分钟。

7 将炒好的食材放在
米饭表面，将1汤匙油沿
着砂锅周围淋一圈，继
续小火焖煮约10分钟。

8 关火后闷几分钟，
出锅前淋上料汁，撒上
葱花即可。

让你的食欲随时在线
烤箱版麻辣香锅

🕐 60分钟　🍴 简单

主料 猪五花肉150克　｜　土豆100克
基围虾30克　｜　千页豆腐10克
海带结20克　｜　莴笋20克
油豆皮2张　｜　西蓝花1/2棵

辅料 小米椒5个　｜　香葱段3克　｜　姜丝3克
蒜3瓣　｜　生抽3茶匙　｜　白砂糖1茶匙
花椒粉1/2茶匙　｜　牛油底料250克
橄榄油1汤匙

❤ **烹饪秘籍**

1 这道菜的酱汁需要有足够多的橄榄油，如果喜欢健康少油版的可以适量减少油的分量。

2 尽量选用肉质嫩的五花肉，这样烤出来的肉质不易变得太硬。

做法

1　用生抽、白砂糖、花椒粉腌制猪五花肉至少30分钟。

2　将食材处理干净。五花肉、土豆、千页豆腐切片。莴笋切条。西蓝花手撕成小朵。小米椒切碎。

3　将橄榄油倒入热锅，改小火炸香葱、姜、蒜，再加入小米椒、牛油底料，煸炒出香味后关火。

4　烤盘铺上锡纸，铺上蔬菜及豆制品，再将虾、五花肉均匀码在蔬菜上，倒上底料。

5　烤箱200℃预热，把烤盘放进烤箱烤10分钟。

6　取出烤盘，拌匀酱汁，继续烤10分钟即可。

品一碗茶香

茶汤焖五谷

🕐 50分钟　　🍴 简单

主料 糙米50克 ｜ 藜麦50克 ｜ 大米50克
黑米50克 ｜ 香肠100克 ｜ 菜心200克

辅料 盐1茶匙 ｜ 茶叶20克

💙 烹饪秘籍

1 茶叶不限品种，绿茶、红茶、乌龙茶都可以。
2 茶汤代替清水煮饭，会有独特的清香味。

做法

1 沸水中加入茶叶泡开。

2 香肠切薄片，菜心择洗净。

3 谷物淘洗净后，加入香肠，倒入茶汤，加入盐，搅拌均匀，放入电饭煲正常煮饭。

4 米饭熟后，打开盖子，放入菜心，盖盖闷5分钟即可。

时尚惊艳的健康菜

羽衣甘蓝古斯古斯米

🕐 120分钟　　🍴 简单

主料 羽衣甘蓝50克 ｜ 古斯古斯米50克
鲜蘑菇150克 ｜ 大白菜350克
洋葱200克 ｜ 西芹180克
胡萝卜110克

辅料 香叶2片 ｜ 现磨黑胡椒粉少许
百里香碎少许 ｜ 橄榄油1汤匙
盐2克

❤ 烹饪秘籍

1 用蔬菜高汤代替白开水，可以使古斯古斯米更
鲜美浓郁，又不会抢了主料的风头。

2 用不完的蔬菜高汤可以放入冰箱冷冻，烹饪时
放入菜肴或汤羹中用来提鲜增味。

做法

1 鲜蘑菇洗净，切成
薄片备用；大白菜洗
净，切段备用。

2 洋葱、西芹、胡萝
卜洗净，切碎备用。

3 汤锅加热，倒入少
许橄榄油，先放入蘑菇
片、洋葱，煸炒至洋葱
变透明。

4 放入胡萝卜、西芹，
煸炒至胡萝卜变色，加
入大白菜、3500毫升凉
水、香叶、百里香碎、
盐、黑胡椒粉，大火煮
沸，转小火炖煮15小时。

5 用漏勺从煮好的汤
中将全部食材捞出，将
蔬菜高汤盛出备用。

6 将古斯古斯米与蔬
菜高汤按1∶1的比例焖
煮5~10分钟，盛出。

7 羽衣甘蓝洗净，去
除老叶，放入热水锅中
氽烫40秒，捞出。

8 将羽衣甘蓝切成细
丝，与焖煮好的古斯古
斯米搅拌均匀即可。

豆豉菌菇香

豉香茶树菇焖面

🕐 40分钟　　🍴 复杂

主料 鲜茶树菇400克　|　菜心150克
　　　　鲜面条300克

辅料 油2汤匙　|　盐2克　|　绵白糖4克
　　　　豆豉酱50克　|　香葱2根

💗 **烹饪秘籍**

1 茶树菇焯水的步骤不可省略，一是可以去除涩味，二是可以保证其充分熟透，防止因食用未熟的茶树菇而引起不良反应。

2 菜心焯水的时候，可以在水中加入一点盐和油，能够帮助保持其色泽翠绿。

做法

1 茶树菇洗净后控干水分；将菜心择洗净，切成两段；香葱洗净后，将葱白切成段，将葱叶切成葱花。

2 锅中加入清水，加入少许油和盐，煮沸后放入茶树菇和菜心段焯熟，过凉开水，沥干。

3 炒锅中放入油，放入葱白段，煸炒至出香味。

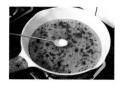

4 放入豆豉酱煸炒片刻后，倒入约300毫升清水，放入绵白糖和盐。

5 中火煮至汤汁烧开，将一半汤汁倒在小碗中备用。

6 将茶树菇放在锅底，铺上面条，盖锅盖，小火焖至汤汁快收干。

7 将刚才的一半汤汁淋上，继续小火焖至汤汁基本收干，将面条拌匀。

8 出锅前放入菜心，撒上葱花即可。

肉香滋味足
五花肉干豆角焖面

 40分钟（不含浸泡时间） ✎ 复杂

主料 猪五花肉300克 ｜ 干豆角150克
鲜面条300克

辅料 油2汤匙 ｜ 盐4克 ｜ 八角2个
茴香4克 ｜ 大葱葱白20克 ｜ 姜片20克
细砂糖2茶匙 ｜ 生抽2茶匙
老抽2茶匙 ｜ 黄酒4茶匙 ｜ 冰糖10克

💛 **烹饪秘籍**

面条焖制的过程中要使用小火，同时注意观察，以免汤汁收干而煳底。中途可以将面条挑起翻动一下，使面条能够更好地吸收汤汁并且均匀熟透。

做法

1 猪五花肉切成2厘米左右的块；干豆角提前用温水浸泡约2小时，切成约3厘米的段；大葱葱白去皮、洗净、切段。

2 锅中加入凉水，放入五花肉块，水开后撇去表面浮沫，将肉块捞出，控干水分备用。

3 炒锅中放入油，放入八角和茴香，煸炒至出香味。

4 放入细砂糖，煸炒至微黄色，放入肉块，继续煸炒至水分收干、肉块表面微微发黄。

5 倒入生抽、老抽和黄酒，炒至吸收，加入与肉块平齐的清水，放葱段、姜片、冰糖、盐。

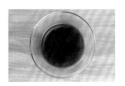

6 中火煮至汤汁烧开，将一半汤汁倒在小碗中备用。

7 将干豆角放在锅底中，铺上鲜面条，盖上锅盖，小火焖至汤汁基本收干。

8 将刚才的一半汤汁淋上，继续小火焖至汤汁基本收干，将面条拌匀，即可关火。

海鲜的聚会
鲜虾鱿鱼炒面

🕐 40分钟　　🍳 简单

主料　鲜虾200克　｜　鱿鱼圈150克
　　　　瑶柱100克　｜　鲜面条300克　｜　韭菜20克
　　　　紫洋葱100克

辅料　油1汤匙　｜　盐4克　｜　淀粉10克
　　　　胡椒粉4克　｜　料酒4茶匙

💙 **烹饪秘籍**

1 除了直接购买鱿鱼圈，还可以购买新鲜的鱿鱼，洗好后切成丝或者切成鱿鱼花来做这道炒面。

2 面条过凉水的时候要用筷子挑开，除了能够防止热面条相互粘连，还能够让炒面的口感更加筋道。

做法

1 鲜虾洗净后去掉虾头，在背部划一刀，用牙签挑出虾线后去壳，剥出完整的虾仁。

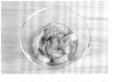

2 将虾仁放入大碗中，加入淀粉、胡椒粉和料酒抓匀，腌制20分钟左右。

3 鱿鱼圈和瑶柱洗净后控干水分备用；紫洋葱去皮，洗净后切成细丝；韭菜择洗干净后切成长2厘米左右的段。

4 锅中加入清水，煮至沸腾后放入鱿鱼圈和瑶柱，焯熟后过凉开水，捞出控干水分。

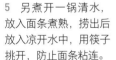

5 另煮开一锅清水，放入面条煮熟，捞出后放入凉开水中，用筷子挑开，防止面条粘连。

6 炒锅中放油，烧至七成热后放入洋葱丝和虾仁，煸炒至虾仁变色。

7 放入面条、鱿鱼圈、瑶柱炒匀，加入盐调味。

8 出锅前加入韭菜，炒匀即可关火。

干炒牛河

🕐 50分钟　🍳 中等

主料 牛里脊肉150克 ｜ 黄豆芽50克
鸡蛋2个 ｜ 米粉300克 ｜ 洋葱100克

辅料 蚝油2汤匙 ｜ 白酒2茶匙
酱油4汤匙 ｜ 白胡椒粉2克
白砂糖、鸡粉各1茶匙 ｜ 香葱段50克
姜末10克 ｜ 老抽4茶匙
淀粉、熟白芝麻各少许 ｜ 油10汤匙

💗 **烹饪秘籍**

放鸡蛋丝是比较讲究的做法，嫌麻烦的话也可以忽略这一步。这道菜真正的关键是要猛火快炒，让成菜充满锅气。

做法

1 将牛里脊切片，用蚝油、白酒、淀粉和2茶匙老抽抓拌均匀，并腌制40分钟左右，备用。

2 洋葱洗净切丝，泡入清水中备用，豆芽择洗干净。米粉放入沸水中烫煮1分钟，捞出沥水。

3 鸡蛋打成蛋液，平底锅抹少许油烧热，将蛋液放入，旋动锅身摊成一张蛋皮，盛出放凉切丝。

4 锅中放油烧至七成热，爆香姜末后，先将牛肉片放入，大火煸20秒左右断生，盛出备用。

5 锅中留油，保持油温，将香葱段、洋葱、豆芽放入煸香，至微微变软。

6 放入牛肉和煮好的米粉，加入白砂糖、酱油、鸡粉、白胡椒粉和剩余的老抽，大火快速炒匀，直至牛肉熟透。

7 出锅装盘，将蛋丝摆在上面。

8 最后撒上熟白芝麻即可。

吃出仪式感

豪华砂锅方便面

 30分钟　　🍴 简单

主料 年糕100克 ｜ 奶酪片4片 ｜ 鱼丸150克
蟹棒6根 ｜ 紫洋葱100克 ｜ 午餐肉100克
鸡蛋2个 ｜ 方便面2块

辅料 油2汤匙 ｜ 盐4克 ｜ 韩式辣酱60克
香葱2根

💚 烹饪秘籍

1 午餐肉提前煎一下，味道
会更好。
2 方便面最好选择比较耐煮
的，这样不会因为煮的时
间过久而软烂，影响口感。

做法

1　紫洋葱洗净后切成丁；午餐肉
切成小片；香葱洗净后切成葱花。

2　砂锅中放油，烧至七成热后
放入紫洋葱丁，煸炒至变软。

3　加入韩式辣酱和少许清水，
煸炒片刻。

4　倒入适量清水，放入盐、年
糕、鱼丸、蟹棒、午餐肉，盖上
盖子，小火煮开。

5　放入方便面，打入鸡蛋，盖
上盖子，煮至鸡蛋熟透。

6　铺上奶酪片煮化，撒上葱花
即可关火。

大补能量
红烧素排面

 35分钟　🍴 简单

主料 北豆腐300克 ｜ 油菜4棵
干香菇10个 ｜ 手工面200克

辅料 生姜20克 ｜ 大蒜8瓣
油100毫升（实际用40毫升）
小米椒5个 ｜ 生抽2汤匙
白砂糖1茶匙 ｜ 老抽2茶匙 ｜ 蚝油4克
鸡精少许 ｜ 盐少许

💙 烹饪秘籍

将浸泡香菇的水留着焖煮时加进去，面条汤的味道会更加香浓。

做法

1 干香菇洗净、泡发，反复清洗干净，用刀从中间切两半；浸泡香菇的水澄清后备用。

2 生姜切成细末；大蒜去皮，切细末；油菜洗净、掰开；小米椒切小粒，备用。

3 豆腐切成1厘米厚、6厘米长、6厘米宽的片，放入加了盐的开水中氽烫一下，捞出沥干。

4 起平底锅，加入油，转动锅身，将豆腐一个个平放在锅中，用中火煎制。

5 一面煎至焦干时，用铲子翻面，煎另一面，两面都煎至焦干金黄后铲出，放在吸油纸上吸干油分。

6 锅中留少许底油，烧至六成热时，小火煸香蒜末、姜末和小米椒粒，加入香菇和豆腐，大火翻炒。

7 翻炒均匀后倒入浸泡过香菇的水，再加适量清水、生抽、鸡精、白砂糖、老抽和蚝油，大火煮开。

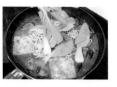

8 下入手工面，煮至成熟，放入小油菜，煮30秒，然后关火盛到碗中即可。

岭南特色小吃

鲜虾云吞面

🕐 25分钟　🔪 简单

主料 细面（龙须面）200克
鲜虾馄饨20个　|　新鲜大虾10只
菜心4棵　|　元贝20个

辅料 香葱4根　|　紫菜10克
白胡椒粉1茶匙　|　鸡精5克　|　盐5克
香油2茶匙

💙 烹饪秘籍

面条要比馄饨更容易成熟，
所以先下入馄饨煮一会儿，
再继续放入面条。

做法

1　菜心洗净，掰开；香葱洗净，切成末，元贝洗净，用刚好没过的温水浸泡；新鲜大虾洗净，去头、去壳、去虾线。

2　起锅加入适量清水烧开，放入紫菜和泡发好的元贝煮制片刻。

3　一边煮一边加盐、白胡椒粉、鸡精调味，再放入大虾，看到虾肉颜色变红后关火，即为海鲜汤汁。

4　另起一锅，倒入清水烧开，先后放入馄饨、面条，用大火煮开。

5　面条煮开锅后放入菜心，继续用大火煮至面条和馄饨成熟。

6　将面条、馄饨、菜心放进海鲜汤汁中，撒香葱末，淋香油。

七个世纪的美食传说

意式千层面

🕐 80分钟　🥄 复杂

主料 意式千层面皮250克 ｜ 牛肉末250克 ｜ 番茄2个 ｜ 洋葱1个 ｜ 面粉、黄油各25克
牛奶200毫升 ｜ 切达黄奶酪片10片 ｜ 马苏里拉奶酪丝200克

辅料 橄榄油3汤匙 ｜ 盐适量 ｜ 现磨黑胡椒适量 ｜ 白砂糖1/2汤匙 ｜ 豆蔻粉1/4茶匙
奶酪粉1茶匙 ｜ 红酒20毫升

做法

1 黄油放入小锅中，小火加热至化开，倒入面粉，搅拌均匀至没有干粉。

2 一边用刮刀搅拌，一边缓缓倒入牛奶，每次都要将牛奶和面团全部混合均匀才能继续添加。用手动打蛋器搅拌至浓稠的酸奶状即为合适。

3 按个人口味加入少许盐、现磨黑胡椒、豆蔻粉和奶酪粉调味，即为白酱。盖上锅盖或保鲜膜，关火放凉。

4 另烧一锅开水，加入少许盐，放入意式千层面皮，按包装指示的时间煮熟，捞出，放入冷的纯净水中备用。

5 洋葱去皮、洗净、切去根部，放入切碎机切成碎粒；番茄去蒂洗净，切成小块；切达奶酪去除包装备用。

6 锅中放油烧热，倒入牛肉末大火翻炒1分钟，加入番茄、盐、白砂糖，翻炒2分钟，加洋葱粒、红酒，大火翻炒1分钟后转中火收汁。

7 烤盘底部刷一层橄榄油，烤箱预热至220℃；按照顺序铺好食材：面皮＋肉酱＋切达奶酪片＋面皮＋白酱＋面皮＋肉酱＋切达奶酪片＋面皮＋肉酱。

8 于最上层撒上马苏里拉奶酪丝。放入烤箱中层，烘烤30分钟至表面奶酪化开变成金黄色即可。

❤ 烹饪秘籍

意式千层面的切面非常漂亮，建议用烤箱专用的耐高温玻璃烤盘来制作。

让意面来得更加香浓吧

奶酪肉酱焗意面

🕐 50分钟　　🍴 中等

主料 意大利面250克 ｜ 牛肉末300克
洋葱1个 ｜ 番茄2个
马苏里拉奶酪丝200克

辅料 橄榄油2茶匙 + 4汤匙 ｜ 大蒜4瓣
盐少许 ｜ 白砂糖1汤匙
现磨黑胡椒适量

❤ **烹饪秘籍**

根据意面品牌和种类的不同，烹煮时间也有所差异，请仔细阅读包装上的时间指示再操作。

做法

1 烧一小锅开水，加入1茶匙橄榄油和少许盐。

2 放入意大利面，按照包装指示的时间煮熟。

3 捞出意大利面，放入冷水中浸泡备用。

4 洋葱去皮去根，切成碎粒；番茄去蒂洗净，切成小块；大蒜去皮，压成蒜泥。

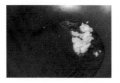

5 炒锅烧热，放入橄榄油，加入蒜泥爆香。

6 放入牛肉末，大火翻炒1分钟，加入番茄、盐、白砂糖、现磨黑胡椒，翻炒1分钟后加入洋葱粒。

7 转小火将肉酱炒至基本收干汁水，关火备用；烤箱预热至180℃。

8 将意面与肉酱拌匀，放入烤盘内，撒上奶酪丝，放入烤箱烘烤15分钟左右，至奶酪化开并变成金黄色。

比萨界的黄金组合

口蘑鸡肉黑椒比萨

🕐 60分钟　🍴 中等

主料 中筋面粉300克 ｜ 水180毫升
盐2克 ｜ 番茄1个 ｜ 洋葱1/2个
黄油、橄榄油各10克 ｜ 口蘑200克
鸡胸肉200克 ｜ 马苏里拉奶酪丝100克

辅料 盐少许 ｜ 酵母粉6克
现磨黑胡椒适量 ｜ 比萨草少许
橄榄油少许

💗 烹饪秘籍

1 做完步骤1后静置3~5分钟，观察是否有小气泡产生，如果没有则证明酵母已失效或活性降低，做出的比萨底会发酵失败，影响口感。

2 擀比萨底坯时，会出现反复回缩的情况，只需要将面饼翻面再擀就能解决。

3 放入比萨盘整形面饼时，用手辅助，从中间往四周推，即可做到中间薄，周围厚。

做法

1 水加热至35℃，撒入酵母粉，搅拌均匀。

2 加主料中的面粉、盐、橄榄油，揉成面团，盖保鲜膜，放15分钟。

3 番茄去蒂洗净，切碎；洋葱去皮去根，洗净，切碎。

4 热锅中放黄油，倒入番茄和洋葱，撒少许盐，大火爆炒1分钟后转中火，把汤汁收浓。

5 步骤2醒发好的面团用擀面杖排气，擀成与比萨盘同等人小的圆饼，注意周边略厚，中间薄，可以用手辅助整形。

6 比萨盘刷上少许橄榄油，铺上面饼，放入烤箱网架，十烤箱底部放一碗开水，关门，静置20分钟待面饼发酵。

7 口蘑去梗，洗净，沥干水分，切成薄片；鸡胸肉洗净，沥干水分，切成小块。

8 把水碗和比萨盘取出，将比萨酱涂抹在底坯上，铺上口蘑、鸡肉、现磨黑胡椒、比萨草、奶酪丝，210℃烘烤20分钟左右。

椒麻爽口又开胃

椒盐牛肉饼

🕐 180分钟　🍴 中等

主料 ┃ 面粉330克 ┃ 牛肉100克 ┃ 鸡蛋1个

辅料 ┃ 细砂糖9克 ┃ 酵母粉3克 ┃ 盐4克
　　　　 花椒粉10克 ┃ 料酒1茶匙
　　　　 生抽1茶匙 ┃ 油适量

💗 烹饪秘籍

1 炒制椒盐油酥时，一定要注意火候，小火不停翻炒，宁可生一点，也不能炒煳了，因为还有下一步可以再烘烤。

2 牛肉可以用猪肉、羊肉替换，做成其他风味的馅饼。

做法

1 鸡蛋打入300克面粉中，倒入温水、细砂糖、酵母粉和面，进行发酵。

2 锅中倒油烧热，放入30克面粉、花椒粉小火翻炒至面粉发黄时关火，加2克盐拌匀，盛出。

3 牛肉剁成肉泥，加入2克盐、料酒、生抽，顺时针搅拌上劲，做成肉馅备用。

4 将发酵好的面团分成小份，用擀面杖擀成薄薄的面皮。

5 在面皮上均匀抹一层椒盐油酥，再抹一层牛肉馅，然后将面皮从下到上卷起，两头捏紧封口。

6 将肉饼盖上保鲜膜，醒发30分钟。电饼铛预热，底部刷一层油，放入肉饼，选择"烙馅饼"功能。

有点微微辣

韩式辣酱鱿鱼炒饼

🕐 30分钟　🍴 简单

主料 ▸ 鱿鱼肉150克 ｜ 紫洋葱100克
饼丝300克

辅料 ▸ 油2汤匙 ｜ 盐2克 ｜ 韩式辣酱40克
海苔10克 ｜ 香葱2根

做法

1 将鱿鱼洗净后撕去鱿鱼皮；紫洋葱洗净，切小丁；香葱洗净，葱白切小段，葱叶切成葱花；海苔撕碎备用。

2 在鱿鱼内侧轻轻切横斜刀和竖斜刀，然后切成3厘米见方的小块。

3 将切好的鱿鱼块放入碗中，加入韩式辣酱搅拌均匀，腌制15分钟左右。

4 炒锅中放油，烧至七成热后放入葱白段和紫洋葱丁，煸炒至出香味。

💛 **烹饪秘籍**

1 给鱿鱼切花刀要在鱿鱼的内侧，因为鱿鱼内侧的肉质比较柔软，受热后会向反方向收缩卷曲，这样才会将漂亮的花刀露在外面。

2 炒鱿鱼的时候要大火快炒，同时注意不要炒得过久，以免炒老后口感变硬。

3 若担心将鱿鱼炒老，可提前将鱿鱼焯水，在最后放入饼丝的时候加入即可。

5 放入腌制好的鱿鱼块，煸炒至鱿鱼变色熟透。

6 放入饼丝和海苔，加入盐调味，放入葱花，翻炒均匀即可出锅。

満园春色关不住
玫瑰花锅贴

🕐 45分钟　🍴 复杂

主料 饺子皮适量 ｜ 西葫芦2个 ｜ 鸡蛋3个

辅料 盐适量 ｜ 油适量

💜 烹饪秘籍

卷玫瑰花时，底部稍稍用力，花形会更好看。如果饺子皮不够黏，可将适量水抹在饺子皮上。

做法

1 西葫芦洗净，切成丝，加1茶匙盐腌制5分钟左右，用手挤去多余水分。

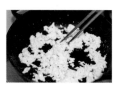

2 鸡蛋打散，在炒锅中炒成蛋碎备用。

3 将西葫芦丝和蛋碎拌在一起，加适量油、盐调制成有黏性的馅料。

4 取几张饺子皮，每张盖住下一张的一半，横着摆成一排。

5 在饺子皮中间铺上馅料，沿中线将下部的饺子皮与上部对折。

6 从最外侧的饺子皮开始，从左至右或从右至左地将饺子皮卷成玫瑰花的形状。

7 平底锅烧热后倒入薄薄一层油，将玫瑰花锅贴在锅内整齐摆放好。

8 大火烧5分钟后，加两杯水。水开后转中小火，盖上盖子焖10分钟左右，等到汤汁吸干即可。

营养丰富、清甜弹牙
虾仁大馄饨

🕐 60分钟　🍴 中等

主料　馄饨皮20张　｜　虾仁20个
　　　　猪肉馅150克

辅料　香油1汤匙　｜　料酒2茶匙　｜　生抽1茶匙
　　　　姜末1茶匙　｜　白胡椒粉1茶匙
　　　　盐7克　｜　香菜碎少许

💗 **烹饪秘籍**

1　新鲜的大虾需要去壳、挑去
　　虾线，取出虾仁备用。市售
　　速冻虾仁则需要解冻后使用。

2　可以根据自己的口味在煮
　　好的馄饨中加入葱花、辣椒、醋等调味品。

做法

1　猪肉馅放入盆中，加入1茶匙
料酒、1茶匙盐、生抽、白胡椒
粉，顺时针用力搅拌上劲，静置
备用。

2　虾仁中倒入1茶匙料酒、姜
末，搅拌均匀，腌制20分钟，沥
干水分备用。

3　将每一个馄饨皮包入猪肉馅
和1个大虾仁。

4　锅内清水烧开，下馄饨煮熟。

5　取一个汤碗，倒入香油、
2克盐、煮馄饨的清汤搅拌均匀。

6　将煮好的馄饨盛入汤碗中，
撒上香菜碎即可。

南方经典的早餐主食

糯米香肉烧卖

 130分钟　　🍳 复杂

主料　小麦面粉300克 ｜ 糯米250克
五花肉200克

辅料　葱花10克 ｜ 姜末10克 ｜ 酱油1汤匙
油1汤匙 ｜ 盐1茶匙

💗 **烹饪秘籍**

1 烧卖的皮要比饺子皮更薄，这样蒸出来的烧卖
才会呈现少许透明，能看到肉馅的模样。

2 这是最基本的糯米烧卖的做法，也可以根据自
己的喜好添加一些蔬菜，比如胡萝卜丝、木耳
丝、玉米粒、香菇粒等。

做法

1 糯米提前一晚用清水浸泡（最少提前3小时浸泡）；五花肉去皮，剁成肉泥。

2 蒸锅内倒入清水烧开，将糯米倒入蒸笼布，放入蒸锅里大火蒸35分钟左右，盛出备用。

3 小麦面粉用温水和面，醒30分钟。

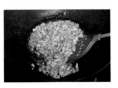

4 锅内倒入油烧热，倒入姜末炒香，放入肉泥，翻炒至油脂呈现金黄色，香气冒出。

5 在肉泥中加入蒸好的糯米，混合均匀，加入葱花、酱油、盐，翻炒均匀，做成烧卖馅。

6 将醒好的面团用擀面杖擀成薄薄的面皮。

7 将烧卖馅包入面皮中，整齐有间距地摆放在蒸笼里。

8 蒸锅内放入清水，大火烧开，放入烧卖，蒸10分钟左右即可。

太阳般温暖

抱蛋煎饺

🕐 20分钟　　🍴 简单

主料 水饺20只 ｜ 鸡蛋4个

辅料 油4茶匙 ｜ 盐2克 ｜ 香葱1根
黑芝麻5克

做法

1　鸡蛋打入大碗中，打散后加入盐，拌匀；香葱切成葱花。

2　煎锅底部刷一层油，小火预热后，将水饺放入摆放好。

3　将水饺稍煎片刻定形，倒入水饺高度一半的清水。

4　盖上盖子，小火焖5分钟左右。

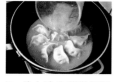

5　待水饺皮稍微透明且水分基本收干，在水饺空隙中倒入蛋液。

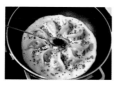

6　待蛋液凝固后，撒上葱花和黑芝麻即可出锅。

💚 **烹饪秘籍**

1　水饺焖熟的时间要根据水饺的馅料有所调整，肉类馅料的水饺可适当增加时间，蔬菜馅料的水饺可适当减少时间。

2　最好不要用速冻水饺，速冻水饺经过解冻后再煎制，口感会变差很多。

3　水饺摆放的时候不要太拥挤，相互之间留一些空隙，这样成品会更好看一些。

4　鸡蛋的数量要根据水饺的数量和煎锅的大小进行调整，蛋液不要太少，以铺满煎锅底部为宜。

缤纷养眼又健康

玉米鸡胸肉卷

 30分钟 | 简单

主料 墨西哥薄饼5张 ｜ 鸡胸肉50克
酸奶50克 ｜ 生菜叶3片
红黄彩椒50克 ｜ 番茄1个
洋葱1/6个

辅料 盐1/2茶匙

❤ **烹饪秘籍**

墨西哥薄饼可以在网上购买，也可以用简单的面饼代替。

做法

1 墨西哥薄饼解冻，上大火蒸1分钟至软。

2 将蒸好的薄饼放入平底锅，小火煎至单面上色，盛出备用。

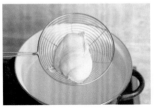

3 鸡胸肉去皮，放入滚水中，撒入盐，煮熟后捞出，沥干水分，放凉。

4 鸡胸肉撕成条，裹上酸奶拌匀。

5 番茄洗净、切丁，洋葱去皮、切丁，红黄彩椒洗净、切条，生菜洗净，撕成小片。

6 将加工好的食材分别卷入墨西哥薄饼中，即可食用。

营养从早餐开始

煎牛肉能量碗

🕐 45分钟　　🥄 复杂

主料 牛排200克 ｜ 干鹰嘴豆150克
紫甘蓝1/4个 ｜ 生菜2片 ｜ 腰果少许
巴旦木少许 ｜ 葡萄干少许

辅料 盐少许 ｜ 柠檬1/4个 ｜ 橄榄油适量

💜 **烹饪秘籍**

煎牛排前，可以用盐和现磨黑胡椒给牛肉来个
"全身按摩"，提前将牛排腌制15分钟，入味后
再煎风味更佳。

做法

1 鹰嘴豆提前用清水
浸泡一夜，泡软备用。

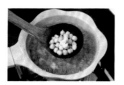

2 将鹰嘴豆放入小锅
中煮熟，可以用指甲轻
松掐开时便可盛出。

3 取一个大盆加入足
量清水，不断揉搓豆
子，洗去外皮。

4 将鹰嘴豆放入料理
机，加入少许盐和柠檬
汁搅打成鹰嘴豆泥。如
果觉得太干，可以加入一
点煮豆子的水进行调节。

5 平底锅烧热，淋入橄
榄油，放入牛排煎熟。

6 紫甘蓝和生菜叶洗
净沥干，撕成适口大小
的片。

7 将做好的鹰嘴豆泥
作为基底，摆放在碗中
央，周围配上紫甘蓝和
生菜叶。

8 牛排切成约一指宽
的长条，放入碗中，最
后撒入腰果、巴旦木和
葡萄干即可。

色味双绝

南瓜虾仁蒸藜麦

 60分钟　　🍴 简单

主料 藜麦100克 ｜ 南瓜200克
　　　虾仁150克

辅料 香葱2根 ｜ 盐1茶匙 ｜ 生抽2汤匙

💙 烹饪秘籍

可以用圆形的小南瓜做蒸盅，将藜麦和虾仁放入，三者的味道能充分融合，造型也更美观。

做法

1　藜麦淘洗干净，用清水浸泡半小时。

2　南瓜去皮后切块，香葱洗净切段。

3　取一大碗，将藜麦、南瓜块放入，加入适量的清水。

4　调入盐和生抽，搅拌均匀。

5　蒸锅中放入适量冷水，烧开后将大碗放入，大火蒸15分钟。

6　加入虾仁和香葱，继续蒸5分钟后即可食用。

满口浓郁
意式培根烘蛋

🕐 40分钟　🍴 简单

主料 吐司1片 ｜ 圣女果3个 ｜ 火腿片2片
洋葱30克 ｜ 彩椒1/2个 ｜ 鸡蛋3个
牛奶200毫升

辅料 黑胡椒碎适量 ｜ 海盐适量 ｜ 油少许

💜 **烹饪秘籍**

烤箱的具体温度，需要依据自家烤箱的情况
调整。

做法

1　吐司切成1厘米见方
的块。

2　火腿片切小片；洋
葱切碎；彩椒切小块；
圣女果对半切开。

3　热锅冷油，放入火
腿片、洋葱碎和彩椒块
翻炒。

4　鸡蛋在碗中打散，
搅拌均匀并过筛。

5　蛋液中加入牛奶，
搅拌均匀。

6　加入吐司块、圣女
果和炒过的食材，用海
盐和黑胡椒碎调味。

7　将烤箱提前预热至
180℃，烤20~25分钟
即可。

网红Brunch

班尼迪克蛋

 20分钟　　🍴 中等

主料 鸡蛋4个 ｜ 火腿2片
英式松饼2个

辅料 白醋2茶匙 ｜ 黄油100克
柠檬汁2茶匙 ｜ 盐2茶匙
橄榄油2汤匙 ｜ 米醋2茶匙

💗 **烹饪秘籍**

制作荷兰酱的秘诀之一是要不停地搅拌，即便有
其他材料加入也要不停地搅拌；二是分次加入的
黄油可以保存在一个隔着热水的大碗中，防止黄
油遇冷重新凝固。

做法

1 将2个鸡蛋的蛋黄和
蛋清分离，留蛋黄备
用。黄油加热化开。

2 取一个耐热的容
器，放入蛋黄和白醋，
隔水加热后打散。

3 将化黄油分次加入
蛋液中，迅速搅打至浓
稠后关火。

4 待酱汁稍冷却后，
加入适量的柠檬汁和
盐，混合均匀，即成荷
兰酱，备用。

5 取一平底锅，加适
量橄榄油后加热，放入
火腿片，小火煎至火腿
片边缘微焦后盛出。

6 松饼放入面包炉后
烘烤5分钟后取出，对
半切开。

7 起锅，加500毫升水
烧开，加米醋，用漏勺
在水里划圈成漩涡状，
磕入鸡蛋，中火煮2分
钟待蛋白凝固后盛出。

8 将松饼放入盘上，
依次摆上火腿片和水波
蛋后，淋上荷兰酱。按
此方法做好另一个即可。

荤素都有的沙拉

科布沙拉

🕐 45分钟　　🍴 简单

主料 鸡胸肉200克 ｜ 培根2条 ｜ 熟鸡蛋2个
番茄2个 ｜ 牛油果1个 ｜ 奶酪2片
核桃仁10克 ｜ 蔓越莓干10克
生菜20克

辅料 料酒1/2茶匙 ｜ 黑胡椒碎5克 ｜ 盐5克
千岛酱适量

💛 烹饪秘籍

1 半熟鸡蛋更容易与酱汁、调料的味道融合。做法：
　①冷锅冷水，淹没鸡蛋，开火。
　②待锅内水开后立即关火，闷5分钟。
2 鸡胸肉丁务必要在互相分开的情况下进烤箱，
　否则烤出来的鸡肉很容易粘在一起。

做法

1　鸡胸肉切丁，加入料酒、黑
胡椒碎、盐，按摩均匀，腌制
15分钟。

2　生菜洗净，切丝；熟鸡蛋、
洗净的番茄切丁；牛油果去核切
块；奶酪切块待用。

3　烤箱预热至200℃，用锡纸将
腌制好的鸡肉包住，注意要避免
鸡肉挤在一起，烤15分钟。

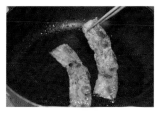

4　用一口无油无水的平底锅，
煎培根至双面发硬且颜色金黄，
盛出降温。

5　混合鸡肉、培根、鸡蛋、生
菜、番茄、牛油果、奶酪、核桃
仁、蔓越莓干，淋上千岛酱即可。

传递浓浓爱意

心形创意三明治+糖水香梨

主餐：心形创意三明治

🕐 20分钟+30分钟　　🍴 中等

主料 吐司片6片 ｜ 鸡胸肉300克 ｜ 鸡蛋4个 ｜ 火腿片4片 ｜ 奶酪2片

辅料 黑胡椒粉1茶匙 ｜ 盐1茶匙 ｜ 淀粉1茶匙 ｜ 油50毫升

做法

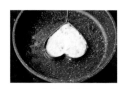
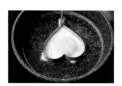

1　用心形模具将吐司压出心形吐司片。

2　将鸡胸肉剁成肉泥，加入盐、黑胡椒粉、淀粉、2个鸡蛋，搅拌至肉馅有弹性。

3　平底锅内放1汤匙油，放入心形模具，将肉馅放入模具中按平，开小火做两个鸡肉饼。

4　平底锅放剩余色拉油，放入心形模具，煎两个心形的煎蛋。

5　将火腿片、奶酪片都用模具压出心形造型。

6　铺一片心形吐司片，依次放上奶酪片、火腿片，再铺一层心形吐司片。

7　放上心形鸡肉饼、心形煎蛋，最后盖上一片心形吐司片就可以了。按同样方法做出另一个三明治。

配餐：糖水香梨

🕐 30 分钟　　🍴 简单

主料 香梨2个
　　　 冰糖50克

辅料 柠檬汁少许

做法

1　香梨洗净，去皮、去核，再切成块状。

2　锅中放入200毫升清水，加入冰糖，挤入柠檬汁，小火熬煮至冰糖化开。

3　加入梨块，熬煮20分钟至梨块变软即可。

煎扇贝沙拉配欧包

🕐 20分钟 | 🍴 简单

主料 扇贝柱300克 | 甜橙2个 | 芦笋150克
苦菊80克 | 圣女果50克 | 欧包2片
油浸干番茄4茶匙

辅料 黑胡椒粉适量 | 橄榄油适量
青柠鱼露汁50毫升

做法

1 取欧包切成两半，然后放上油浸干番茄作为主食。

2 将扇贝柱解冻，用纸巾吸干水分，然后加入适量的橄榄油与黑胡椒粉，用手按摩涂抹均匀。

3 不粘锅大火烧热，将扇贝柱下锅，然后转小火煎至两面焦黄，盛出备用。

4 苦菊洗净备用；甜橙去皮，切成片状备用；樱桃番茄洗净，切成两半备用。

5 芦笋洗净，去除老根，斜切成段，放入沸水中汆烫至变色，捞出，沥干水备用。

6 将步骤2至5中处理好的全部食材，放入沙拉盘中摆盘，淋上青柠鱼露汁即可。

无法抗拒的一锅汤

养生参鸡汤

🕐 90分钟　　🔪 中等

主料 人参4根　｜　童子鸡1只　｜　糯米20克

辅料 红枣5个　｜　姜片2片　｜　盐1茶匙

💗 烹饪秘籍

鸡汤一定要撇去浮沫再小火煮，喜欢喝汤的可以
选择大锅，多加一些水。

做法

1　童子鸡洗净，去头
去尾去内脏，剁掉鸡爪。

2　糯米提前1小时泡水。

3　将姜片、红枣和糯
米塞进童子鸡中。

4　用牙签封口，防止
食材漏出米。

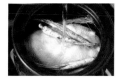

5　将童子鸡放入锅中，
加入人参，加水没过食
材，大火煮开。

6　煮开后撇去浮沫，
转小火炖1小时。

7　在起锅前加盐调味
即可。

暖心护肠胃

番茄鸡蛋疙瘩汤

🕐 25分钟　🍴 中等

主料 土豆150克 ｜ 大个番茄2个
　　　 鸡蛋2个 ｜ 面粉80克

辅料 白胡椒粉1茶匙 ｜ 鸡精2克
　　　 香油1茶匙 ｜ 盐3克
　　　 油10毫升 ｜ 香葱1根 ｜ 香菜1棵

❤ 烹饪秘籍

1 因为土豆丁要煮两次，所以第一次不需要煮太熟，夹起来尝一口，有点微微发硬的感觉。

2 捞出来的土豆一定要沥干，这样面粉才能均匀地包裹在上面。

做法

1 在番茄顶端划开一个十字切口，放进沸水中烫1分钟，再将番茄的皮剥下来。

2 去皮的番茄去蒂，切成比较薄的小块；香葱、香菜洗净，分别切成粒。

3 将土豆去皮、洗净，切成边长1厘米的方丁，备用。

4 起锅烧热水，水开后下入土豆丁，煮至六成熟，捞出沥干，略微放凉。

5 将煮熟的土豆丁放入盆中，撒入面粉，轻微晃动，让面粉均匀包裹在土豆丁上。

6 中火加热炒锅，锅中放油，油热后下入葱粒爆香，下入番茄翻炒，炒至番茄软烂。

7 加入鸡精，炒匀，加入800毫升清水，转大火煮开，水沸腾后倒入土豆疙瘩，边倒边用汤勺搅拌。

8 大火再次烧开，转小火，转圈淋入打散的鸡蛋液，先不要搅拌，鸡蛋基本凝固后，加入白胡椒粉、盐和香油调味，撒入香菜拌匀即可。

第五章

浪漫日子里的
精致美餐

在家也可以追求的小情调

法式烤羊排

 30 分钟　　中等

主料　羊排300克　│　洋葱丝50克　│　彩椒1个　│　口蘑10克

辅料　白葡萄酒5毫升　│　蒜粉1茶匙　│　黑胡椒碎3克　│　迷迭香2克　│　盐3克　│　橄榄油2茶匙

做法

1　羊排切条，用凉水浸泡1小时，半小时换一次水，尽量把血水泡出来。

2　轻轻按压羊排，用厨房用纸把多余的水分擦干。

3　将白葡萄酒、蒜粉、黑胡椒碎、迷迭香、盐与羊排充分混合。

4　倒入洋葱丝，将羊排腌制2小时以上。

5　烤盘底部铺上锡纸，刷上橄榄油。

6　将羊排、洋葱丝均匀铺在锡纸上，用锡纸封住烤盘。

7　将彩椒、口蘑洗净，切小块，放进腌制羊排的调料中继续腌制。

8　烤箱180℃预热，将烤盘送进烤箱中，烤20分钟。

9　将封口的锡纸打开，将口蘑、彩椒连同腌制的调料一起倒进烤盘中。

10　将羊排翻面，继续烤20分钟，至羊排变色即可。

💙 烹饪秘籍

如果买的是整块羊排，可以对半切开，再去掉1/4的羊肉，将两块羊排交叉架起来烤，造型与味道兼备的美食就完成啦。

当红酒遇上牛肉

红酒烤牛排

🕐 45分钟 　 🍴 中等

主料 牛排2块 ｜ 红酒100毫升

辅料 黄油20克 ｜ 盐1克 ｜ 现磨黑胡椒适量
市售黑椒汁2汤匙 ｜ 淀粉1茶匙

💚 烹饪秘籍

1 如果用的是市售包装好的
方便牛排，一般已做过处
理，所以不需要步骤2即可
直接操作。

2 选购制作牛排的牛肉时，菲力是最适宜家庭制
作的，这是牛的里脊部位，肉质细嫩无筋。

做法

1 牛排洗净，用厨房
纸巾吸去多余水分。

2 用肉锤敲打，使
牛排肉质变得疏松而
柔软。

3 在牛排两面都抹上
薄薄一层黄油。

4 撒上少许盐和适量
的现磨黑胡椒。

5 烤箱预热至230℃，
用锡纸将每块牛排单独
包起，分别倒入约25毫
升的红酒。

6 将锡纸包裹紧实，
放入烤盘，置于烤箱中
层，烘烤25分钟。

7 取出烤盘，打开锡
纸，将牛排取出置于餐
盘上。

8 炒锅中倒入锡纸内剩
余的红酒肉汁、黑椒汁；
将剩余的红酒和淀粉调
匀，加入炒锅内，小火
熬煮后淋在牛排上。

德式烤猪肘

🕐 180分钟　　🍴 复杂

主料 猪前肘1个　|　洋葱2个　|　啤酒1罐

辅料 橄榄油、盐各适量　|　小茴香粉2茶匙
大蒜1头　|　现磨黑胡椒适量

❤ 烹饪秘籍

1 视烤箱和食材的体积灵活调整烤制时间，宗旨
是将猪肘烤得熟透而不焦煳。
2 中途取出烤盘刷油时，注意观察烤盘中剩余的
汁水是否充足，如果喜欢多一点汁水，可以酌
量再添一些啤酒。

做法

1 猪肘洗净；大蒜去皮，压成泥，加2茶匙盐、1茶匙小茴香粉，调匀，涂抹在猪肘表面。

2 将猪肘放入保鲜袋，置入冰箱冷藏腌渍1小时（过夜更好）。

3 将腌渍好的猪肘从冰箱取出；烤箱预热到210℃；洋葱去皮切丝。

4 烤盘包锡纸，铺上洋葱丝，撒上适量的盐、黑胡椒和剩下的1茶匙小茴香粉。

5 猪肘大头朝下，用小刀竖着从底部向上在外皮划几道长约3厘米的小口，放入烤盘，倒入啤酒。

6 再覆盖一层锡纸，将整个烤盘严实包裹住，放入烤箱中层烤1小时。

7 取出烤盘，打开锡纸，在猪肘上刷一层橄榄油，再用叉子叉几个小孔，不再覆盖锡纸，继续烘烤1小时左右。

8 用小刀能轻易插透猪肘即烤好；将猪肘及洋葱另外装盘，剩余的腌汁过滤后煮至略浓稠，浇在猪肘上。

韩式奶酪排骨

🕐 30 分钟　🍴 中等

主料 猪排骨500克 ｜ 马苏里拉奶酪丝220克 ｜ 鲜奶油2汤匙

炖肉辅料 生抽2汤匙 ｜ 料酒2汤匙 ｜ 白砂糖1汤匙 ｜ 洋葱50克 ｜ 大蒜15克 ｜ 姜5克
干辣椒10克 ｜ 香叶5克 ｜ 黑胡椒粒1茶匙

辣酱辅料 韩式辣酱2汤匙 ｜ 辣椒仔辣椒汁1茶匙 ｜ 生抽1汤匙 ｜ 味醂1汤匙 ｜ 蜂蜜1汤匙
大蒜15克 ｜ 红椒粉1茶匙

做法

1　排骨泡出血水，洗净。姜切片，洋葱切大块，大蒜去皮。

2　排骨放入汤锅，加足量清水没过排骨。

3　汤锅内放入全部炖肉辅料，中火煮沸10分钟后，盖盖，转小火煮1.5小时。

4　将辣酱辅料全部放入料理机，打成浓稠的辣椒酱汁。

5　烤箱预热至230℃。烤盘垫烘焙纸。

6　将煮熟的排骨放入烤盘，排骨表面刷满辣椒酱汁。

7　烤盘放入烤箱上层，烤6分钟。

8　取出排骨翻面，表面刷辣椒酱汁，放入烤箱继续烤6分钟，烤至酱汁收干。

9　将马苏里拉奶酪丝与鲜奶油在碗中混合均匀。

10　取一个漂亮烤盘，沿着烤盘边缘铺入混合好的马苏里拉奶酪丝，铺成环状。

11　将排骨堆放在烤盘的中间。再淋少许剩余的辣椒酱汁。

12　烤箱温度调至200℃，烤盘送入烤箱中层，烤10分钟，烤至奶酪化开即可。

1 排骨剁得长一些，方便拿着蘸奶酪吃，造型也会比较漂亮。

2 马苏里拉奶酪一定要新鲜，拉丝的效果才更好。

来自蔚蓝海岸的味道
普罗旺斯烤鸡

 105分钟　🍴 简单

主料 三黄鸡1只

辅料 普罗旺斯混合香料适量
味极鲜2汤匙　｜　白砂糖1汤匙
陈醋2汤匙　｜　黄油30克　｜　料酒3汤匙

💗 烹饪秘籍

1 腌渍三黄鸡的小盆不宜过大，这样酱料才能没过鸡肉。

2 用来烤鸡的烤箱切忌过小，否则距离上加热管过近会导致鸡肉烤煳；如果只有小型烤箱，也可以提前将鸡分割成小块再烤制。

3 切掉的鸡脖和鸡爪可以用保鲜袋包好后放入冰箱冷冻，以后用来炖高汤。

做法

1 三黄鸡洗净，去掉鸡脖和鸡爪，晾干水分。

2 将味极鲜、白砂糖、陈醋、料酒混合均匀，搅拌至白砂糖化开。

3 将调好的酱料倒入小盆中，放入清理好的三黄鸡，腌渍半小时。

4 将鸡翻面，继续腌渍半小时。

5 烤箱预热至220℃，烤盘铺好锡纸，将黄油放入烤盘，烤化后戴上隔热手套，轻轻晃动烤盘使黄油均匀布满锡纸。

6 将腌好的三黄鸡放入烤盘，腌汁也一并倒入。

7 撒上适量的普罗旺斯香料，送入烤箱中层，烘烤约20分钟。

8 戴上隔热手套，取出烤盘，用筷子辅助，将鸡翻面，再撒一些普罗旺斯香料，送回烤箱继续烘烤20分钟。

真脆皮，真雅致

红茶脆皮鸭腿

 180分钟　　🍴 简单

主料 鸭腿2只

辅料 盐4克 ｜ 红茶2克 ｜ 陈皮5克
沙姜粉1/2茶匙 ｜ 料酒1汤匙
麦芽糖1茶匙 ｜ 红糖1茶匙

💗 烹饪秘籍

1 鸭腿放入冰箱风干时，不用
　 覆盖任何东西。
2 麦芽糖可以换成普通的砂糖。

做法

1　红茶、陈皮放入小料理机打
成粉末，与盐、沙姜粉混合成均
匀的干料。

2　将料酒、麦芽糖、红糖放入
小碗，加1茶匙清水，搅拌至糖
粒化开，混合成糖水。

3　鸭腿洗净，彻底擦干水分，
表面刷一层糖水，均匀抹上
干料。

4　将鸭腿放入带烤网的烤盘
内，放入冰箱冷藏风干2天。

5　烤箱温度调至150℃预热。取
出鸭腿回温。

6　在烤盘上铺锡纸，上面放烤
网，放上鸭腿。将烤盘放入烤箱
烤3小时，烤至鸭腿表皮焦脆。

惠灵顿鱼排

🕐 50 分钟　🍴 复杂

主料 罗非鱼200克　│　酥皮1张

辅料 混合坚果30克　│　培根2片　│　口蘑10克　│　黄油20克　│　百里香3克　│　迷迭香3克
黑胡椒碎3克　│　大蒜3瓣　│　葡萄酒20毫升

做法

1　把混合坚果碾碎，口蘑、大蒜切碎，迷迭香、百里香、黑胡椒碎用料理机打碎。

2　热锅无油，中火炒香坚果碎，倒入蒜末、口蘑碎翻炒。

3　撒入迷迭香、百里香、黑胡椒碎，炒出香味。

4　倒入葡萄酒，改小火，待收稠立即关火，蘑菇酱就完成了。

5　中火化开黄油，把鱼肉放进锅中，煎至双面稍微呈金黄色即可。

6　烤盘底部铺上烘焙纸，将酥皮平铺在锡纸上。

7　将培根交叉铺在酥皮上，再抹上蘑菇酱，最后放上鱼排。

8　将酥皮包着鱼排卷起来，用刀在表面划几刀。

9　用剩余黄油涂满整个酥皮卷。

10　烤箱200℃预热，将烤盘送进烤箱，烤20分钟即可。

💜 烹饪秘籍

坚果和鱼肉的种类没有明确的限制，依据自己的口味选择即可。

不要刺身要法风

法风三文鱼

 35分钟　　🍴 中等

主料 带骨三文鱼片500克

辅料 柠檬1个　｜　新鲜迷迭香几根
大蒜3瓣　｜　橄榄油2汤匙　｜　海盐适量
现磨黑胡椒适量

💜 **烹饪秘籍**

1 如果买不到新鲜迷迭香，可以用干燥的迷迭香
　或者混合法式香草来代替。

2 海盐口感相对清淡，不像日常的盐那样过咸。
　如果觉得味道太淡，可以在食用时补撒一些。

3 这道菜也完全可以用整条三文鱼制作，制作时
　将柠檬片先摆一部分在下方，再放上整条的三
　文鱼中段，上方撒盐和黑胡椒，点缀迷迭香，
　剩余的柠檬片对半切开摆放在侧面即可。

做法

1　三文鱼片洗净，用
厨房纸巾吸干多余水分。

2　柠檬洗净，切成薄片。

3　大蒜洗净去皮，切
成薄薄的蒜片。

4　迷迭香洗净，沥干
水分，剪成长3厘米左
右的段。

5　烤箱预热至210℃；
烤盘上铺一大张锡纸
（可以包下所有食材），
刷上橄榄油。

6　将三文鱼片和柠檬
片、大蒜片穿插摆放。

7　依照个人口味，研磨
适量的海盐和黑胡椒在
三文鱼上，点缀迷迭香
叶子，用锡纸包裹好。

8　送入烤箱中层，烘
烤20分钟左右即可。

五星级奢华享受

柠汁奶酪焗龙虾

 25分钟　　🍴 简单

主料 冷冻对切龙虾1只
马苏里拉奶酪丝100克

辅料 黄油20克　｜　海盐适量　｜　柠檬1/2个
现磨黑胡椒适量　｜　法式混合香草适量

💗 **烹饪秘籍**

1 活的澳洲龙虾处理起来比较麻烦，不建议非专业厨师烹饪。可从大型超市的冷冻货柜直接购买冷冻对切好的龙虾，烹饪方便，口感也不差。

2 如果购买的是整块的马苏里拉奶酪，可以用刨丝器将奶酪刨成细丝，或是切成小块再使用。

做法

1 将冷冻对切龙虾自然解冻，略冲洗一下，用厨房纸巾吸干多余水分。

2 烤箱预热至200℃，烤盘包裹锡纸。

3 黄油放入微波炉可用容器中，中高火30秒化开。

4 将黄油倒入烤盘，用毛刷刷均匀；将龙虾切面朝上摆放在烤盘内。

5 在虾肉上挤上大部分的柠檬汁（留少许不要挤干净，备用）。

6 研磨上薄薄一层海盐及黑胡椒。

7 在虾肉上堆放上马苏里拉奶酪丝，撒上适量的法式混合香草。

8 放入烤箱中层烘烤15分钟，至奶酪化开即可取出，食用前再挤上剩余的柠檬汁即可。

苹果蒜蓉烤虾

🕐 30分钟　🍴 简单

主料 明虾150克 ｜ 苹果1/2个

辅料 蒜20克 ｜ 盐2克 ｜ 橄榄油1茶匙
　　　葱花少许

💙 烹饪秘籍

大蒜虽小，但挑选起来也颇为讲究。要选择蒜瓣数量均匀、蒜皮干燥、分量足，用手按压手感结实、没有发芽、没有霉变的新鲜大蒜。

做法

1 明虾剪去虾须，从背部切开，挑去虾线，洗净并沥干水分。

2 苹果洗净削皮，取一半切成小块；蒜去皮、去根后洗净待用。

3 将苹果块和蒜放入料理机，打成细腻的苹果蒜泥。

4 将明虾铺在烤盘里，均匀撒上盐。

5 再将苹果蒜泥均匀铺在虾背上，淋上橄榄油。

6 放入预热好的烤箱中层，180℃烤8分钟。

7 最后撒上葱花即可。

迷人的法国情调

奶油生蚝

🕐 25分钟　🍴 中等

主料　生蚝4只

辅料　沙拉酱1汤匙　｜　奶酪粉1汤匙
洋葱碎5克　｜　蒜末5克　｜　橄榄油2茶匙

💚 烹饪秘籍

焗龙虾、扇贝也同样适用这个方法，烤之前也可以用开水快速煮一下海鲜，可避免烤的过程中出太多水。

做法

1　平底锅中倒入橄榄油，中火加热，倒入蒜末、洋葱碎炒香。

2　生蚝洗净、沥干。

3　把沙拉酱与奶酪粉搅拌均匀成酱料。

4　将洋葱碎、蒜末倒进生蚝壳内，再用酱料覆盖生蚝肉，注意不要填太满。

5　烤盘底部铺上锡纸，将生蚝码在锡纸上。

6　烤箱180℃预热，将烤盘送进烤箱，烤10分钟即可。

海鲜串烧

🕐 40分钟　🍴 简单

主料　鲜扇贝肉200克　|　虾仁100克
　　　　洋葱1个　|　彩椒1个

辅料　柠檬汁2茶匙　|　胡椒粉3克　|　盐3克
　　　　橄榄油2茶匙

💛 烹饪秘籍

扇贝有一个好搭档——大蒜，
喜欢蒜蓉扇贝的朋友也可以在
锡纸上撒一些蒜末调味。

做法

1　洋葱、彩椒洗净，切块。

2　扇贝肉、虾仁用柠檬汁、
盐、胡椒粉腌制20分钟。

3　将扇贝肉、洋葱、虾仁、彩
椒用竹扦穿起来。

4　烤盘底部铺上锡纸，刷上橄
榄油。

5　将海鲜串均匀码在锡纸上。

6　烤箱180℃预热，将烤盘送进
烤箱，烤15分钟即可。

海鲜盛宴

红酒烤海鲜

🕐 60分钟　　🍴 中等

主料 龙利鱼100克 ｜ 蛤蜊50克
鱿鱼须50克 ｜ 圣女果80克
小土豆80克

辅料 红酒4汤匙 ｜ 黑胡椒粉2克 ｜ 盐2克

💚 烹饪秘籍

1 鱿鱼外层有一层黑膜，在
清洗时一定要剥去，否则
会很腥，也影响口感。
2 没有小土豆，可以用普通
的土豆来代替。将土豆洗净、削皮后切成滚刀
块即可。

做法

1　龙利鱼提前解冻后洗净，蛤
蜊浸泡吐沙后刷净外壳，鱿鱼须
洗净后沥干水分待用。

2　圣女果去蒂，洗净后对半切
开；小土豆去皮，洗净后对半
切开。

3　将龙利鱼切成1厘米厚的
鱼片。

4　将龙利鱼、蛤蜊、鱿鱼须放
入容器，加入红酒、黑胡椒粉、
盐，拌匀后腌制15分钟。

5　将腌好的海鲜倒入耐热容器
中，放入切好的土豆和圣女果，
略微拌匀。

6　将耐热容器放入预热好的烤
箱中层，200℃烤25分钟即可。

西班牙海鲜饭

🕐 60分钟 　🍴 复杂

主料 大米200克 ｜ 鲜虾8个 ｜ 青口贝12个 ｜ 鱿鱼圈100克 ｜ 洋葱1/2个 ｜ 红椒1/2个
蒜2瓣 ｜ 番茄1个 ｜ 豌豆2汤匙 ｜ 白葡萄酒100毫升 ｜ 柠檬1/2个

辅料 藏红花1/3茶匙 ｜ 盐1茶匙 ｜ 橄榄油2汤匙 ｜ 鸡精1茶匙 ｜ 黑胡椒粉1/2茶匙
香葱粒少许

做法

1 鱿鱼圈解冻；鲜虾去虾线、虾须和头部尖刺；青口贝刷洗干净外壳，加盐浸泡，使其吐净泥沙。

2 洋葱、红椒切小粒；大蒜切碎；番茄去皮，切小粒；柠檬切成小块；大米淘洗干净后沥干。

3 中火加热平底锅，锅热后放入橄榄油，下蒜末和洋葱粒炒香。

4 下红椒粒和番茄粒翻炒均匀。放入大米，加藏红花、鸡精、盐和黑胡椒粉，炒匀。

5 将米饭大致摊平，均匀浇上白葡萄酒，转大火，烧到酒精挥发，闻不到酒气。

6 加入清水，水面超过米饭一点即可，水不能多。大火烧开后转中火，盖锅盖焖15~20分钟。

7 汤汁大部分被米饭吸收后，放入海鲜，轻按压，使海鲜有小半没入米饭，撒上豌豆，盖锅盖继续焖15分钟。

8 打开锅盖，继续小火加热3分钟，蒸发掉部分水汽，关火。撒上少许香葱粒，摆上柠檬块即可上桌。

💙 烹饪秘籍

传统的西班牙海鲜饭做好之后会有点硬，类似"夹生"的口感，锅底要有锅巴，所以水量一定不要多了。海鲜放进去后受热还会出水，这些水都要计算在内。正宗的海鲜饭最后上桌前撒的是新鲜欧芹碎，菜谱中替换成了更常见的香葱，主要起装饰作用，不加也可以。

主食还是甜点
椰香芒果糯米饭

🕐 60分钟（不含浸泡时间）　🍴 简单

主料　泰国糯米120克　｜　椰浆130毫升
　　　　芒果150克

辅料　细砂糖1汤匙　｜　盐1/2茶匙
　　　　香兰叶10克　｜　薄荷叶少许

❤ 烹饪秘籍

1 椰浆不可以用椰汁代替。
2 香兰叶是一种热带植物，
有独特的芳香，可以增加
糯米饭的香甜味道。

做法

1　糯米淘洗干净，浸泡3小时以上。

2　将100毫升椰浆和细砂糖、盐混合，搅匀。

3　芒果去皮后切厚片。

4　蒸锅上铺一层蒸笼布，香兰叶放蒸布上。

5　放入沥水后的糯米，隔水大火蒸20分钟至熟。

6　糯米饭放凉后，拌入步骤2中调好的椰浆，搅匀，使糯米饭吸收椰浆。

7　糯米饭放入盘中，旁边用芒果、薄荷叶点缀，再浇30毫升椰浆即可。

挡不住的热带风情
菠萝饭

⏱ 35分钟　🍴 简单

主料 菠萝1/2只 ｜ 米饭1碗
　　　鸡腿肉50克 ｜ 洋葱30克
　　　胡萝卜30克

辅料 油1汤匙 ｜ 料酒1茶匙 ｜ 盐1茶匙
　　　小葱2根

 烹饪秘籍

新鲜的菠萝果肉有点涩口，
需要用淡盐水"杀"一下。

做法

1　取出菠萝果肉，切成丁状；
用1/3茶匙盐对成盐水，将菠萝
果肉浸泡10分钟后沥水。

2　鸡腿肉切小块；洋葱、胡萝
卜洗净，切小块；小葱洗净后切
葱花。

3　锅烧热，放油，烧至五成热
后，放入洋葱爆香。

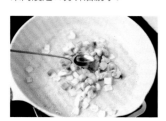

4　下鸡肉煸炒至肉色变白，加
料酒。

5　放入胡萝卜、菠萝丁、米
饭，翻炒2分钟。

6　加另2/3茶匙盐、葱花后起
锅，装回菠萝中。

满目斑斓
花边香肠比萨

 70分钟　　 复杂

主料　高筋面粉200克　|　牛奶120毫升
绵白糖10克　|　酵母3克　|　盐1克

辅料　油少许　|　香肠3根
马苏里拉奶酪碎120克　|　芒果1个
红酱2汤匙　|　熟虾仁10只

💗 烹饪秘籍

在比萨饼皮的最外圈刷上清
水，可以让香肠卷同饼皮更
牢靠地粘在一起。

做法

1　将主料中的全部材料一同放入面包机，完成一个和面过程。

2　将面团盖上保鲜膜，醒发15分钟。在等待面团发酵时，将芒果去皮、去核，切成厚片。

3　将发酵好的面团揉光滑，切下三分之一备用，剩余三分之二用擀面杖擀成一个圆饼。

4　将比萨盘放在面饼上，沿盘底切下多余的面饼，将切割好的面饼放入刷了油的比萨盘中。

5　将备用面团同切下的多余面团混合成一个新的面团，擀成一个长条面饼，将香肠放入，卷起，静置10分钟。

6　将香肠卷切成长为2厘米的小段；用刷子蘸上清水在比萨饼边刷一圈。烤箱预热至200℃。

7　将香肠卷整齐排列在比萨饼的外圈上，并用叉子在比萨面饼上扎出小孔，均匀刷上红酱。

8　撒上一半奶酪碎，放入芒果片和虾仁，最后铺上剩余的奶酪碎，放入烤箱中层烤18分钟左右。

泰国版的酸辣汤

冬阴功

 20分钟　　🍴 简单

主料 鲜虾8枚　｜　草菇30克　｜　蛤蜊100克
　　　冬阴功汤料包2人份　｜　椰浆50毫升

辅料 青柠檬1/2个　｜　细砂糖1茶匙

💗 烹饪秘籍

1 冬阴功汤料包一般已含椰浆，
　如不喜欢浓郁的椰浆味道，
　可不用另行添加。

2 青柠檬汁增添清爽效果，不
　要过早加入。

做法

1　蛤蜊泡在水中2小时
以上，使其吐净泥沙。

2　鲜虾洗净，在虾背
上划一刀，抽掉虾线。

3　草菇洗净，切成两
半；柠檬切成薄片，留
2片备用，其他挤出柠
檬汁。

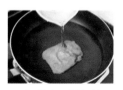

4　冬阴功汤料包放入
锅中，加800~1000毫升
水，大火煮沸。

5　加入椰浆、细砂糖，
搅拌均匀。

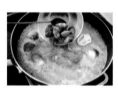

6　放入草菇、虾、蛤
蜊，煮1分钟左右。

7　起锅后滴入青柠檬
汁，摆上柠檬片即可。

奶油蘑菇汤

 35分钟　　🍴 中等

主料 口蘑6个 ｜ 淡奶油200克 ｜ 洋葱60克

辅料 黄油10克 ｜ 大蒜2瓣 ｜ 低筋面粉5克
盐1/2茶匙 ｜ 黄油酥皮1张

❤ 烹饪秘籍

1 如果喜欢浓稠口感，可以稍微多加一些低筋面粉。如果觉得太稠，可以加入适量的水或者鸡汤，味道也很不错哟。

2 汤里加一点松露和牡蛎也很搭。

3 选用厚度适中的汤碗，更适合烤箱加热用。

做法

1 口蘑洗净，切片；洋葱、大蒜切碎，待用。

2 炒锅中火加热，放入黄油，待其化开。

3 加入洋葱，用木铲轻轻拨动，煸炒至变色。

4 倒入蒜末、口蘑，等口蘑开始出水后关火。

5 另准备一口无水无油的锅，倒入低筋面粉，小火炒至金黄色。

6 将炒好的面粉混合口蘑和淡奶油、盐。

7 全部倒进搅拌机中打碎，用汤碗盛出，在碗口扣上黄油酥皮。

8 将汤碗放进180℃的烤箱，烤15分钟至酥皮完全起酥即可。

简单随性的减肥餐

香橙柠檬樱桃萝卜沙拉

🕐 30分钟　　🍴 简单

主料 樱桃萝卜250克　│　香橙1个

辅料 柠檬3片　│　香甜沙拉酱3汤匙
　　　盐少许

💗 烹饪秘籍

若不喜欢太酸的可以省略挤柠檬的步骤。

做法

1　樱桃萝卜洗净，将萝卜部分与叶子分开。

2　萝卜切成小圆片，放入少量盐腌制10分钟。

3　香橙剥去皮，将果肉掰成小块。

4　将樱桃萝卜片和香橙块摆入盘中，均匀地挤入柠檬汁。

5　随意撒入萝卜叶子，再均匀淋上香甜沙拉酱即可。

生活的仪式感

花环沙拉

 30分钟　　🍳 简单

主料　生菜200克　│　苦苣200克　│　冰草100克
　　　　圣女果（红、黄）100克

辅料　奶酪粉20克　│　沙拉酱适量

❤ 烹饪秘籍

用慕斯模具可以快速形成一个"花环"。

做法

1　生菜、苦苣、冰草、圣女果洗净，沥干。

2　生菜用手撕成细长的条状，圣女果一切为二。

3　取一大一小两个慕斯模具，放在盘子里，形成一个"花环"。

4　在花环中放入绿叶菜，随意摆放圣女果，撤去慕斯圈。

5　薄薄撒一层奶酪粉，吃之前淋入沙拉酱即可。

快手苹果派

⏱ 60分钟　🍴 简单

主料 圆形千层派皮1大张　｜　苹果2个

辅料 淡奶油200毫升　｜　奶油奶酪100克
　　　　白砂糖3汤匙　｜　黄油10克
　　　　肉桂粉1茶匙

💗 烹饪秘籍

如果购买不到大张圆形的千层酥皮，可以改用小的派盘，甚至是蛋挞模，用国内较为常见的方形酥皮来制作小号的苹果派。

做法

1　千层酥皮从冰箱取出，室温下解冻。

2　苹果洗净，用去核器去除苹果把和果核。

3　苹果对半切开，再切成约0.2厘米厚的苹果片。

4　淡奶油隔水加热，将奶油奶酪切小块放入，加入白砂糖，搅拌至奶油奶酪完全化开。

5　黄油在微波炉加热30秒使之化开，用毛刷抹在派盘上。

6　将派皮摊在派盘内，用手辅助令边缘竖起。

7　烤箱预热至180℃；将苹果片整齐地摆放在派皮上，浇上步骤4的奶油。

8　均匀地撒上少许肉桂粉，送入烤箱中层，烘烤35分钟左右。取出放凉后方可切块食用。

奶香南瓜派

 90分钟   复杂

主料 南瓜220克 ｜ 低筋面粉130克

辅料 黄油60克 ｜ 鸡蛋2个 ｜ 糖粉30克
牛奶80毫升 ｜ 淡奶油120克
椰蓉适量

烹饪秘籍

1 南瓜泥倒在派皮上不要倒得太满，如果有多余的南瓜泥可留做他用。
2 面皮铺在烤盘上，用叉子戳出一些透气孔。搅打好的南瓜泥可以过筛，口感更细腻。

做法

1 向低筋面粉中加入黄油、10克糖粉，用手揉搓成颗粒状。

2 向面粉中加入1个鸡蛋和牛奶，揉搓成光滑的面团，包上保鲜膜，放入冰箱冷藏35分钟。

3 南瓜洗净，去皮，切块，放入蒸锅中蒸熟。

4 蒸熟的南瓜块放入料理机中，加入1个鸡蛋、淡奶油和剩余糖粉，搅打成南瓜泥。

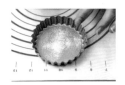

5 取一个圆形烤盘，刷一层黄油，筛少许面粉。

6 将面皮擀成厚约5毫米的圆形派皮，铺在烤盘中，去掉多余的派皮，把南瓜泥倒在派皮上。

7 烤箱180℃预热，放入烤盘，先180℃烤15分钟，再转160℃烤15分钟。

8 最后在烤好的南瓜派上均匀撒上椰蓉点缀即可。

一场完美邂逅
豪华莓子华夫饼

🕐 55分钟　　🥄 复杂

主料 高筋面粉70克 ｜ 低筋面粉40克
　　　草莓2个 ｜ 蓝莓10颗 ｜ 树莓10颗

辅料 酵母1.5克 ｜ 细砂糖15克 ｜ 盐1.5克
　　　鸡蛋1个 ｜ 牛奶20毫升
　　　无盐黄油30克 ｜ 草莓果酱适量
　　　糖粉少许

❤ 烹饪秘籍

加热华夫饼的过程中会有水蒸气从机器中冒出，等到看不到水蒸气就说明差不多熟了。为了使华夫饼均匀上色，需要不停地移动模具均匀受热。

做法

1　将高筋血粉、低筋面粉、酵母、细砂糖、盐、鸡蛋和牛奶混合均匀，揉成湿润的面团。

2　黄油放在室温里软化，直接用手将黄油捏到面团里，直到面团变得均匀、看不到黄油。

3　揉好的面团用保鲜膜包好，室温发酵半小时左右。然后放到冰箱中冷藏过夜。

4　华夫饼机预热，把一块面团放到模具中间，扣紧模具烤二三分钟就可以了。

5　取出烤好的华夫饼，撒上少许糖粉。

6　草莓、蓝莓和树莓洗净，用厨房纸巾擦干水分。将莓子摆放在华夫饼上，淋上草莓果酱即可。

豆沙南瓜汤圆

 90分钟　　🍴 中等

主料　南瓜300克　｜　糯米粉220克
　　　　豆沙馅250克

辅料　细砂糖适量

💛 烹饪秘籍

1 豆沙馅可以购买市售成品，
　如果没有，也可以不放馅。
2 南瓜汤圆可以水煮，也可
　以裹上面包糠油炸。
3 南瓜含糖，豆沙也是甜的。如果想控制糖的摄
　入量，可不放细砂糖，也可购买低糖的豆沙馅。

做法

1　南瓜削皮、去子，
切成薄片，上锅蒸熟。

2　将蒸熟的南瓜用搅
拌机打成泥，或者用勺
子压成泥。

3　在南瓜泥中加入细砂
糖、糯米粉，搅拌均匀，
揉成面团，醒30分钟。

4　醒面的过程中，将
豆沙馅均匀搓成小丸子
备用。

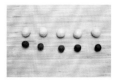

5　将面团搓成长条，
均匀分成几等份，数量
与豆沙馅一样。

6　将面团压扁，擀成
面皮，包入豆沙馅，封
口用手捏紧，滚圆。

7　锅内注入清水烧
开，放入南瓜汤圆，中
火煮至汤圆浮起，熟了
即可。

如果你也曾爱过
提拉米苏

 30分钟（不含冷藏时间）　　简单

主料　手指饼干100克　｜　蛋黄2个
　　　　淡奶油160毫升　｜　马斯卡彭奶酪250克

辅料　细砂糖40克　｜　浓缩咖啡60毫升
　　　　朗姆酒10毫升　｜　可可粉适量

 烹饪秘籍

1 制作提拉米苏时最好选择可以生食的鸡蛋。
2 马斯卡彭奶酪一定要放在室温中让其软化，否
　则会有颗粒，影响提拉米苏的柔顺口感。

做法

1　在分离出的蛋黄中加入细砂糖，小火隔水加热，用手动打蛋器不断搅拌，直到蛋黄糊渐渐浓稠泛白，离火放凉，约需8分钟。

2　浓缩咖啡中倒入朗姆酒，晃匀，放凉备用。

3　淡奶油打发至七成，即能形成纹路但还不是特别坚硬的状态，放入冰箱冷藏备用。

4　马斯卡彭奶酪提前从冰箱中取出，在室温中软化，用刮刀搅拌成细腻的奶酪糊，倒入已经冷却的蛋黄糊，搅拌均匀。

5　分三次加入打发好的淡奶油，用刮刀翻拌成均匀的奶酪糊。

6　准备一个6英寸活底圆形模具，将手指饼干在咖啡液中蘸一下，放入模具中铺在底部。

7　用手指饼干铺好底后，倒入一层奶酪糊，再铺一层手指饼干，再叠一层奶酪糊。

8　包上保鲜膜，放入冰箱冷藏12小时，取出用热毛巾包裹脱模，最后撒一层可可粉即可。

冬夏两吃
红糖桂花芋头

🕐 40分钟　　🍴 简单

主料 小芋头8个

辅料 红糖1汤匙 ｜ 干桂花3克 ｜ 藕粉20克

💗 烹饪秘籍

小芋头不要蒸得太过软烂，能剥皮即可，加红糖后再煮至软糯。如果买不到小芋头，也可用荔浦芋头代替。

做法

1　小芋头洗净，放入蒸锅中蒸熟，剥去皮备用。

2　蒸熟的芋头放入砂锅中，倒入适量清水和红糖，大火烧开后转小火煮20分钟。

3　藕粉加少许清水稀释一下，倒入砂锅中搅匀，转大火收汁。

4　待汤汁浓稠时，撒入干桂花即可。

我有红酒，你有故事吗？

红酒炖雪梨

🕐 30分钟　🍴 简单

主料 雪梨2个　|　红酒1瓶

辅料 冰糖50克　|　桂皮1小段

💗 烹饪秘籍

1 炖梨时多给梨浇汁和翻身，让梨充分浸泡在酒汁中，能更好地上色和入味。

2 也可把梨切成块或片来煮，这样煮完后直接捞出来吃就行。

3 梨煮好后浸泡一下会更入味，煮完梨的红酒可直接喝，也可大火收汁后淋在梨上。

做法

1　雪梨洗净、去皮备用。

2　把雪梨、冰糖和桂皮放入锅中。

3　红酒倒入锅中，最好用小点的锅，能保证红酒没过雪梨。

4　中火烧开后改为小火慢慢煮，其间多给梨翻身和浇汁，便于上色和入味。

5　大约煮20分钟，梨的颜色和红酒颜色差不多时，可关火。

6　捞出切片装盘即可食用，煮完梨的红酒有梨和桂皮的香气，非常好喝。

一口上瘾，只增颜值不长肉

酸奶水果捞

🕐 10分钟　　🍴 简单

主料　酸奶200毫升　｜　芒果1个　｜　猕猴桃1个
　　　　草莓8颗　｜　蓝莓20颗

辅料　盐1/2茶匙

💗 烹饪秘籍

1　可根据自己的喜好更换水果，
　水果颜色差异要大一些，成品
　会更漂亮。

2　喜欢吃西米的朋友还可煮
　些西米放进去，吃起来弹牙，口感更丰富。

做法

1　草莓和蓝莓放入容器中，加
盐和水浸泡5分钟，捞出洗净。

2　将草莓去掉根蒂，切成小块
备用。

3　芒果沿着果核切成两半，在
果肉上横纵划几刀，用刀沿着芒
果皮将果肉削下。

4　猕猴桃去皮，切成1厘米见方
的小丁。

5　把切好的芒果、猕猴桃和草
莓放入容器中，最后摆上蓝莓。

6　淋上酸奶，搅拌均匀即可
享用。

爆款甜品自己做

杨枝甘露

🕐 25分钟　🥄 简单

主料　芒果600克　｜　西米60克
　　　　椰浆200毫升　｜　西柚80克
　　　　牛奶250毫升

辅料　细砂糖1汤匙

💗 烹饪秘籍

1 煮西米需要经常翻动，以
　防糊锅。
2 冷藏2小时以上再喝更美味。

做法

1　芒果去皮，切成大块果肉；
西柚剥出果肉。

2　锅中加水，大火煮沸，放西
米，改小火煮西米10分钟以上。

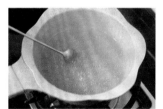

3　至西米变得大部分透明，中
间留白心时，关火闷5分钟左右。

4　捞出西米，过冷水。

5　芒果留80克左右果肉备用，
剩下的芒果和椰浆、牛奶、细砂
糖放入料理机，打成果浆。

6　果浆倒入碗中，放西米，最
上面铺芒果块、西柚果肉即可。

蜜恋甜汤

🕐 65分钟　　🍴 简单

主料　干玫瑰花4朵　｜　红枣6粒
　　　　苹果1个　｜　枸杞子20粒

辅料　黑糖20克

💗 烹饪秘籍

1 建议选山东平阴的玫瑰花，
　香味温和隽永，喝完口齿
　留香。
2 黑糖可以选用云南产的手
　工黑糖。

做法

1　红枣洗净，切开去核。

2　枸杞子洗净。

3　苹果洗净、去皮、去核，切
　成块。

4　锅内加水约1500毫升，将
　苹果块、红枣、枸杞子放入
　锅中，大火烧开，转小火炖
　40分钟。

5　玫瑰花瓣用清水冲一下，
　和黑糖一起放入锅中，继续煮
　10分钟即可。

谁的青春不热烈

玫瑰奶茶

🕐 25分钟　　🥄 简单

主料 红茶3克　｜　纯牛奶1盒（约250毫升）

辅料 玫瑰酱2汤匙

💙 烹饪秘籍

没有玫瑰酱，可以用干玫瑰代替，只需在煮红茶水时提前放入干玫瑰，煮两三分钟后，再放入茶叶就可以了。

做法

1　将红茶洗净，备用。

2　净锅，倒入200毫升纯净水，大火烧开，倒入红茶。

3　转小火煮2分钟后，过滤掉茶叶，把茶水留在锅中。

4　将牛奶倒入锅中，小火加热。

5　加入玫瑰酱，搅拌均匀。

6　关火，倒入杯中，即可饮用。

图书在版编目（CIP）数据

好食光：幸福二人餐 / 萨巴蒂娜主编 . — 北京：
中国轻工业出版社，2023.8

ISBN 978-7-5184-4449-6

Ⅰ . ①好… Ⅱ . ①萨… Ⅲ . ①菜谱 Ⅳ .
① TS972.12

中国国家版本馆 CIP 数据核字（2023）第 101011 号

责任编辑：胡　佳　　　　　责任终审：李建华　　整体设计：锋尚设计
策划编辑：张　弘　胡　佳　责任校对：朱燕春　　责任监印：张京华

出版发行：中国轻工业出版社（北京东长安街6号，邮编：100740）
印　　刷：北京博海升彩色印刷有限公司
经　　销：各地新华书店
版　　次：2023年8月第1版第1次印刷
开　　本：710×1000　1/16　印张：12
字　　数：200千字
书　　号：ISBN 978-7-5184-4449-6　定价：49.80元
邮购电话：010-65241695
发行电话：010-85119835　传真：85113293
网　　址：http://www.chlip.com.cn
Email：club@chlip.com.cn
如发现图书残缺请与我社邮购联系调换
230465S1X101ZBW